# AI战争

刘　伟　谭文辉◎著

中国人民大学出版社
·北京·

# 前　言

人类文明历经近万年的坎坷，几度辗转，几经变革，直至今日，人工智能（AI）的兴起才极大地触发了人们对智能含义的深度思考，因为只有充分了解了智能的本质，才可能将人与机器、环境更好地融合，实现真正的军事智能。本书阐述了对军事智能的新理解、新认知，根据军事智能的研究动向与不足，提出军事智能是一个复杂系统，其思想基础和目的是把人的诸多主动能力浸入到机器的被动功能之中，其关键在于人、机、环境系统协同。机器的计算是基于事实的功能，而人类的算计是基于价值的能力。

严格地说，军事智能从来就没有海量的大数据、大样本，若对手给你的假数据、假样本少一些就算很不错啦！同样，军事智能的推理也不是简单的数理＋物理推理，而是物理、生理、心理、数理、管理、哲理、文理、机理、艺理、地理、伦理、宗理等多事实、多价值、多责任的混合推理体系，所以军事智能中的深度学习、强化学习也常常与民用的机器学习大相径庭、截然不同。

当前的军事智能（包括人工智能）研究存在两个致命的缺点：(1) 把数学等同于逻辑，把逻辑简单等同于智能。数学不等同于逻辑，数学研究空间形式和数量关系结构，是一种基于公理的逻辑体系；而真正的智能及军事智能不仅包括数学这种基于公理的逻辑，还涉及非公理逻辑，甚至包括现在还未形成逻辑的非逻辑或超逻辑。(2) 把军事智能简化成了“军事＋AI”或者“AI＋军事”。实际上，军事本身就是人类最高水平的智能，包含了各种各样的智能形式及反智能形式，所以更准确地说，军事智能既包括科学技术，也涉及文史艺哲宗等方面，属于复杂领域（如《孙子兵法》的英文名就被翻译成“The Art of War”），其核心是“诡”“诈”“算”“胆”“善”等，是人、物（机是人造物）、环境系统融合的“计算＋算计”（简称“计算计”）体系。军事智能的特点“诡、诈、算、胆、善”也展示了现代战争中策略与智慧的重要性，而其最高境界“善”则强调了通过智慧和非对抗手段实现目标的价值。未来，军事智能将在这些特点的引导下，继续推动战争形式和战略思想的演变。

上述两个缺点直接诱发了军事智能领域以下几个很难解决的问题：

(1) 客观数据与主观信息、知识如何弹性融合、灵活表征？

(2) 公理与非公理推理怎样有机地混合、高效地处理？

（3）责任性判断与无风险性决策能否无缝衔接、虚实互补？

（4）人类反思与机器反馈之间可否相互协同、适时调整？

（5）态势感知与势态知感有无双向平衡、积极呼应？

（6）人机之间的透明信任机制、可解释性如何建立？

（7）机器常识与人类常识能否对齐？

（8）机器终身学习的范围或内容与人类学习怎样达成一致？

不可否认的是，技术的进步也带来了新的挑战，如何确保人在智能系统中的主导地位，防止技术对决策的过度干预，将是未来军事智能研究的重要方向。未来，军事智能中人的角色将不断深化，决策者将成为技术与战术的桥梁，通过合理利用智能技术，提升决策的科学性与有效性，推动军事行动的顺利进行。

军事领域的智能化不同于自动化。自动化（含人工智能）一般是确定性的输入、可编程的处理、确定性的输出、确定性的反馈；而军事领域的智能化则是不确定性的输入、部分确定＋部分不确定的处理、不确定性的输出、不确定性的反馈（但整个过程常常是利己的）。机器智能的基础是逻辑映射关系，而军事智能的基础则是漫射、散射、影射，其中人类的想象力、创造力是军事智能的重要组成成分。军事智能化的瓶颈问题之一不是单纯的快、单纯的准，而是对。例如，单纯机器计算得越精细、越准确、越快速，其危险性就越大，因为敌人可以隐真示假、造势欺骗、以假乱真，所以有专家参与的人机融合军事智能相对更重要、更迫切、更有效。一般而言，机器的计算往往解决可以数学建模的重“复”性工作，人类的算计常常处理不能数学建模的“杂”乱无章的事情，而任务环境就是由“复”“杂”集成的平台。涉及人、机、环境三者的军事智能如《易》一样，其核心都在于变，因时而变、因境而变、因法而变、因势而变……物理学家理查德·费曼说：“物理学家们只是力图解释那些不依赖于偶然的事件，但在现实世界中，我们试图去理解的事情大都取决于偶然。”军事智能就是这种“偶然+必然”的复杂系统。

针对上述诸多问题，本书第一章“揭开迷雾——军事智能是什么?”着重阐述了军事智能的概念、军事智能的发展之战争形式的发展阶段、美军军事智能的发展、未来智能化战争制胜的关键因素及挑战；第二章“与民不同——军事领域中的人工智能有何不同?”讨论了人工智能军事应用的风险、人工智能在虚假信息中的应用、机器学习如何消化和分析战场数据、军事机器学习不同于传统机器学习；第三章“虚实相映——兵棋推演与现代战争”介绍了兵棋推演的历史、兵棋推演在现代战争中的重要性、兵棋推演与人机环境系统智能、兵棋推演的未来；第四章“限之有方——军事智能能够具有可解释性吗?”论述了可解释性军事智能破解智能黑盒谜团、可解释性军事智能如何提高决策的透明度、可解释性军事智能如何保障军事决策的可靠性；第五章“判断有据——智能决策是事实还是欺骗?”探讨了事实与价值的分分合合、我们看到的是事实还是欺骗、人工智能懂不懂价值性判断；第六章“算计思维——现代战场计算与算计如何双重博弈?”探寻了我们需要“计算”还是“算计”、人工智能能否算计人类、计算＋算计将如何实现；第七章“多样输出——元宇宙能否成为军事作战的模拟沙盒?”梳理了军事智能的虚拟副本数字孪生、元宇宙能否成为军事作战的模拟沙盒、虚拟现实与增强现实如虎添翼助力军演；第八章“配合有道——人机融合是不是智能战场的终极合作?”阐述了人机协同组织起立体式反导网络、人机融合是打好多域战的关键、自主系统及其典型案例；第九章“战场生态——现代战争中的态势感知和人机环境系统如何配合合作?”斟酌了态势感知如何辅助军队作战、人机环 1＋1＋1 会大于 3 吗、深度态势感知与人机环境系统如何有机融合；第十章“伦理困境——现代战争中人工智能的终极议题”预判了算法决策能否代替人类，探讨了反人工智能、认知战等。

总之，军事智能革命才刚刚开始，它将如何进行以及最终能否取得胜利，取决于抓住这一机遇的紧迫性、组织的适应性。人类与机器智能的潜力都是无限的，但前提是要有理解它的远见和迎接挑战的毅力。如意大利空中力量理论家朱利奥·杜赫特曾经说过的那样，“胜利属于那些预见到战争性质变化的人，而不属于那些等到变化发生后才去适应的人”。杜赫特的这句话虽然写于一个多世纪前，今天仍能引起强烈反响。即将到来的军事智能革命发生于大国之间正在进行更广泛的地缘政治竞争的大背景之下。这场竞争事关重大，胜负难料。要想在这场大国竞争中取得胜利或阻止战争，就必须保持技术优势。要实现这一目标，就必须进行突破性创新。然而，技术本身并不是唯一的决定因素，国家的战略眼光、政治意愿以及国际合作能力，同样决定着军事智能革命的走向。为了避免陷入一场不可控的冲突，国际社会需要在加强技术研发的同时，关注相关的伦理、法律和全球治理框架的建设，确保技术不仅服务于军事战略，也能推动实现全球和平与稳定的目标。

在这本书里，笔者将就新质战斗力的一个重要发展方向——军事智能中涉及的主要问题展开探讨和思索，如东西方军事思想差异，事实与价值，计算与算计，线性与非线性，态、势、感、知之间的关系，感性与理性，自动化或智能化等。如果说笔者前几本书《追问人工智能：从剑桥到北京》《人机融合：超越人工智能》《人机环境系统智能：超越人机融合》是笔者关于人、AI、环境在民用智能领域的一段思想旅程，那么这本书则是一段对未来军事领域中人、AI、环境的认知探索旅程。也许世界就是由许许多多的“思”与“想”、“认”与“知”共同构成的吧。曾几何时，笔者站在罗马人修建的兵营城堡遗址望着千年康河（River Cam）缓缓流过那几座著名的石桥、木桥、铁桥（bridge），了解了剑桥（cam＋bridge，Cambridge）的由来。到如今，抚今追昔，蓦然回首，那山、那水、那桥依然魂牵梦萦，只不过透过那些逝去的剑光桥影，依稀看到东方冉冉升起一轮红日，美丽的霞光给克莱尔学院后花园的孔子雕像披上了神奇的色彩，也给市中心熙熙攘攘的古老集市旁的泰勒斯塑像增添了几分惊叹！仔细想来，撰写这本小书的目的又何尝不是延续了《孙子兵法》的意图呢：在这颗蓝色的星球上，和平永远比战争更令人神往！

谨以此书献给热爱和平的人们，并献给我的家人和朋友们！

# 目　录

# 第一章
# 揭开迷雾——军事智能是什么？

## 一、军事智能的概念

作为人类最尖端的智能形式，军事智能不是“军事＋AI”，也不是“AI＋军事”，而是既包含机器的计算，也包含人的算计。军事智能并非强调多强大、多聪明，而是更关注任务执行中的恰当变通。它不是包治百病的神药，而是对症下的准药，最高境界是达到不战而屈人之兵的目的。

当前军事系统的自主化与弱通信、无通信条件下的高级自动化等价，而现代的军事无人化侧重于统计概率下的“机械化＋自动化”。即使科技发展出的装备再先进，其形成的产品或系统也只是机器计算，01 的数理基础仍然没有变，就像 5G、6G、…、$n$G 一样，若没有意向性和价值性出现，系统本质上就还是机器。

军事智能的本质是暴力性对抗角逐，即要摧毁对方的博弈意志；人工智能的本质是服务性智力，即要满足对象的需求。军事智能以损人为本，人工智能以助人为乐。人工智能作为计算的逻辑实质上是一种“主体转向”，军事智能算计的逻辑以人类为主体，研究的对象是对手的认知、思维、智能种种，强调应是什么、应干什么等问题，军事智能不但涉及手段，还包括意志和随机偶然性；人工智能计算的逻辑则是将计算机作为信息处理的主体，侧重于是什么、干什么等问题，研究的是计算机的处理方式以及人与计算机的互动关系。

未来的军事智能不是功能性的工具（比如锤子），而是能力性的软件＋硬件＋湿件，它不太讲究事实和形式，多涉及价值和意义。它会不断超越军种、行业、领域的格局和前瞻的战略视野，是颠覆性技术创新的重要支撑。

在 20 世纪 50 年代末，美国军方的共识是，其指挥与控制系统不能满足日益复杂和快速多变的军事环境下快速决策的紧迫需求。1961 年肯尼迪总统要求军队改善指挥与控制系统。该国防安全重大问题提出以后，国防部指派美国国防高级研究计划局（DARPA）负责此项目。为此，DARPA 成立了信息处理技术办公室（IPTO），并邀请麻省理工学院的约瑟夫 · 利克莱德教授出任首任主任。虽然是军方的迫切需要和总统钦定的项目，但是 DARPA 没有陷入军种的眼前需求和具体问题，而是基于利克莱德提出的“人机共生”的思想，认为人机交互是指挥与控制问题的本质，并就此开展长期、持续的研究工作。此后，信息处理技术办公室遵循利克莱德的思想逐渐开辟出计算机科学与信息处理技术方面的很多新领域，培育出 ARPANET 等划时代颠覆性技术，产生了深远的影响，直至今天。

军事智能不是无人化，也不是自主化。自主化指自己作主，不受别人支配；无人化指能在无人操作和辅助的情况下自动完成预定的全部操作任务。军事智能主要是实现更高阶的觉、察并实施诈和反诈，是人机环境系统融合的深度态势感知，是人机融合的“钢”（装备）＋“气”（精神）。

当前，许多人认为军事智能就是“军事＋AI”，还有人认为军事智能就是自主系统或者无人系统，他们大都没有认清军事对抗博弈的实质。另外一个需要警惕的军事智能问题是：单纯机器计算得越精细、越准确、越快速，其危险性就越大，因为敌人可以隐真示假、造势欺骗、以假乱真，所以有专家参与的人机融合军事智能相对更重要、更迫切、更有效。

## 二、军事智能的发展之战争形式的发展阶段

### 1. 机械战与信息战

战争形式的发展依次经历了机械化、信息化、智能化几个阶段，它们是在不同的时代背景下分别产生的，各自依托的是工业时代、信息时代和智能时代的不同物质基础。机械化依托

的物质基础主要是动力设备、石化能源等物理实体及相关技术；信息化依托的物质基础主要是计算机和网络硬件设备及其运行软件；智能化的重要前提是信息化，依托的物质基础主要是高度信息化以后提供的海量数据资源、并行计算能力和人工智能算法。

机械化主要通过增强武器的机动力、火力和防护力来提升单件武器的战斗力，以武器代际更新和数量规模扩大的方式提升整体战斗力。信息化主要通过构建信息化作战体系，以信息流驱动物质流和能量流，实现信息赋能、网络聚能、体系增能，以软件版本升级和系统涌现的方式提升整体战斗力。智能化则是在高度信息化的基础上，通过人工智能赋予作战体系“学习”和“思考”的能力，以快速迭代进化的方式提升整体战斗力。

机械化的对象主要是陆军，其目标主要是提升陆军的机动力、火力和防护力，使陆军跑起来、飞起来。机械化的最终目标，是使各军兵种武器装备的火力更猛、速度更快、射程更远、防护更强，各项机械性能指标达到最优。信息化的最终目标，则是使人或武器装备在恰当的时间、恰当的地点以恰当的方式获得和运用恰当的信息，使信息获取、传输、处理、共享、安全等各项性能指标达到最优，实现战场透明化、指挥高效化、打击精确化、保障集约化。智能化的最终目标，是不断提升从单件武器装备、指挥信息系统，直至整个作战体系的“智商”，并同步提升其可靠性、鲁棒性、可控性、可解释性等相关性能指标。

### 2. 认知电子战

网电空间的快速成长，正在塑造一个“一切皆由网络控制”的未来世界，催生“谁控制网电空间谁就能控制一切”的国家安全法则。当前，世界主要军事强国都在加紧筹划网电空间国家安全战略，以便抢得先机。少数国家极力谋求网电空间军事霸权，组建网电作战部队，研发网络攻击武器，出台网电作战条例，不断强化网电攻击与威慑能力。

DARPA 的自适应雷达对抗（ARC）、行为学习自适应电子战（BLADE）以及美国空军研究实验室的认知电子战精确参考感知（PRESENCE）等项目都是这种新型认知电子战技术研发的典型。这些认知电子战技术有望使电子战系统领先于频带更宽、射频捷变性更强的新型威胁系统。

认知电子战技术应用前景广阔，不仅有助于提升电磁对抗技术实力，还将对信息战和网络空间战产生重要影响。认知电子战技术可实现自主电磁环境扫描定位，自主确定电子攻击的方式，并通过严格频谱管控提高电磁防护能力，代表了未来智能作战的发展方向。

认知电子战技术可有效解决传统电子战态势感知精度不足问题，避免因大功率压制手段而暴露干扰信号并招致反辐射打击问题，有效提高电子战系统的隐蔽性和抗摧毁性。美国陆军开发的“城市军刀”项目，旨在依托认知技术对高优先级电子战目标实现自主探测、识别、分类、定位和快速攻击，提升战场频谱管控能力。

认知电子战技术将有效适应未来战场的复杂电磁态势，解决复杂电磁环境下的精确态势感知问题；其具备实时动态学习能力，可在应对新型复杂环境时快速做出响应。未来，集众多高新技术于一身的认知电子战，将向着具备学习、思考、推理和记忆等认知能力方向发展。

### 3. 网络中心战

网络中心战（network-centric warfare，NCW），现多称网络中心行动（network-centric operation，NCO）是一种美国国防部所创的新军事指导原则，以求化资讯优势为战争优势。

其做法是用可靠的网络把那些分散但仍保持良好通信的部队组织起来，这样就可以发展新的组织及战斗方法。这种网络容许人们分享更多资讯、合作及情境意识，以致在理论上可以令各部一致、指挥更快、行动更有效。这套理论假设通过极可靠的网络联系的部队能更方便地分享信息；信息分享会提升信息质量及情境意识；分享情境意识允许随机协同合作和自主组合，进而会大大提高行动的团队效率。

网络中心战是通过战场各个作战单元的网络化，把信息优势变为作战优势，使各分散配置的部队共同感知战场态势，协调行动，从而发挥最大作战效能的作战样式。网络中心战是美军推进新军事革命的重要研究成果，其目的在于改进信息和指挥控制能力，以增强联合火力和对付目标所需要的能力。网络中心战是一种基于全新概念的战争，它与过去的消耗型战争有着本质上的不同，指挥行动的快速性和部队间的自同步使之成为快速有效的战争。

网络中心战的实质是利用计算机信息网络对处于各地的部队或士兵实施一体化指挥和控制，其核心是利用网络让所有作战力量实现信息共享，实时掌握战场态势，缩短决策时间，提高打击速度与精度。在网络中心战中，各级指挥员甚至普通士兵都可利用网络交换大量图文信息，并及时、迅速地交换意见，制订作战计划，解决各种问题，从而对敌人实施快速、精确及连续的打击。

以往作战行动主要是围绕武器平台（如坦克、军舰、飞机等）进行的。在行动过程中，各平台自行获取战场信息，然后指挥火力系统进行作战。平台自身的机动性有助于实施灵活的独立作战，但同时也限制了平台间信息的交流与共享能力，从而影响整体作战效能。正是计算机网络的出现，使平台间信息的交流与共享成为可能，从而使战场传感器、指挥中心与火力打击单元构成一个有机整体，实现真正意义上的联合作战，因此这种以网络为核心和纽带的网络中心战又可称为基于网络的战争。所以说，网络中心战的基本思想就是充分利用网络平台的网络优势，获取和巩固己方的信息优势，并且将这种信息优势转化为决策优势。与传统战争相比，网络中心战具有三个非常重要的优势：一是通过集结火力对共同目标同时交战；二是通过资源增强兵力保护；三是可形成更有效、更迅速的“发现—控制”交战顺序。

网络中心战强调在地理上分散配置部队。以往由于能力受限，军队作战力量的调整必须通过重新确定位置来完成，部队或者尽最大可能地靠近敌人，或者尽最大可能地靠近作战目标。结果，一支分散配置部队的战斗力形不成拳头，不可能迅速对情势做出反应或集中兵力发起突击，因为它需要位置调整和后勤保障。与此相反，信息技术则使部队从战场有形的地理位置中解脱出来，使部队能够更有效地机动作战。由于清楚地掌握和了解战场态势，作战单元能随时集中火力而不再是集中兵力来打击敌人。在网络中心战中，火力机动将完全替代传统的兵力机动，从而使作战不再有清晰的战线，前后方之分也不甚明显，战争的战略、战役和战术层次也日趋淡化。

### 4. 算法战

在战争智能化的基础上，美国国防部于 2017 年 4 月 26 日正式提出“算法战”概念，并将从更多信息源中获取大量信息的软件或可以代替人工数据处理、为人提供数据响应建议的算法称为“战争算法”。同时美国国防部决定组建算法战跨功能小组，以推动人工智能、大数据及机器学习等战争算法关键技术的研究。美军这一看似突然的举措实际上由来已久，适应了现代战争的迫切需求。

战争算法源自信息化作战过程中出现的复杂难题。随着现代战场在空间上的拓展，复杂多样的战场信息传感器遍布陆、海、空、外层空间和电磁网络空间，各类情报侦察与监视预警信息呈爆炸式增长。由此产生的海量信息数据超出了情报分析员们的能力范围，令人难以招架，导致战场信息收集不及时、有效信息产出时效性低、反馈失误等严重问题。与此同时，无人机蜂群、群化武器等新式智能化武器装备与新型作战样式的提出，对指挥员决策的时效性、精准性、灵敏性提出了更高要求。运用不同数据类型和数据运用要求所需的标准化分析算法从而建立起数据自主分析系统，能够缩短观察—判断—决策—行动（OODA）环的反应时间，节省数据带宽，有效提升数据处理和挖掘效率，从而降低战场态势感知的不确定性，在智能决策、指挥协同、情报分析、战法验证以及电磁网络攻防等关键作战领域发挥作用。随着战争从体能较量、技能较量发展为智能较量，战争算法人工智能和指挥控制系统相关联并在其中占据关键地位，是实现智能化作战和建设智能军队的技术基础。

### 5. 马赛克战

现代战争的组织和规划一定会跨域、跨军兵种。美军已意识到分布式、联合、多域作战能力的重要性，不过，研发和部署相关高度网络化架构需要数年甚至数十年。为了让指挥员能利用现时可用系统，以战斗速度构建赢得战争所需要的作战能力，DARPA 战略技术办公室（STO）于 2017 年提出了“马赛克战”概念，寻求开发可靠的连接不同系统的工具和程序，灵活组合大量低成本传感器、指挥控制节点、武器平台，利用网络化作战，实现高效费比的复杂性，对敌形成新的不对称优势。

美军当前正不断开发更先进的战斗机、潜艇和无人系统，然而随着军事技术和高科技系统在全球范围的扩散，美国先进卫星、隐形飞机或精确弹药等传统技术平台的战略价值正在下降，而商业市场上电子元件技术的快速更新换代，令成本高昂、研制周期长达数十年的新军事系统在交付之前就已经过时了。马赛克战的概念是将更简单的系统联网，使其共享信息、协同作战，其中可消耗性和信息共享能力是关键。

马赛克战需要将系统以不同的方式进行组合，实现不同的效果。然而，美军现有的武器系统不是为了以马赛克战的方式发挥作用而设计的，它们更像拼图，都是仅能作为某一特定图形的特定组成部分发挥作用的精心设计系统。战略技术办公室的目标在于创建接口、通信链路、精确导航和授时软件等技术架构，使已有系统可以协同工作。

马赛克战可使杀伤链更有弹性，感知—决策—行动的决策环自古有之，美军将其优化为观察—判断—决策—行动环。如果指挥员可以将 OODA 环的功能拆分开，那么各种传感器平台都可以与各种决策方相连，继而与各种行动平台相连，从而带来了各种排列组合的可能性，迫使敌人与各种攻击组合相对抗。这就使杀伤链更有弹性，无论敌人采取何种行动，美军总有可能完成自己的杀伤链。

### 6. 多域战

“多域战”概念是美国陆军集近十年来的陆军和其他军种作战理论探索、研究的成果，是着眼于 2025—2040 年与势均力敌的大国对手武装冲突的作战需求，在“第三次抵消战略”的推动下形成的全新作战概念。这一概念于 2016 年 10 月一经发布，就得到了美国国防部高层、各军种、作战司令部及研究机构的追捧，成为美国军界、军事研究界 2017 年研究的热点。2017 年至 2018 年初，即使美国国家领导人和国防部高层更迭，“第三次抵消战略”几近销声匿迹，美国陆军“多域战”概念研发和探索的热度依旧不减，诸多工作仍在稳步推进中。

随着太空、网络空间、电磁频谱和信息环境等新型作战域对陆上、海上、空中等传统作战域的不断渗透融合，未来联合作战将具有全球性的作战空间。为统筹安排可能从全球任何角落发起的作战行动，多域战将原先的三区（后方、近战、纵深）地区性框架拓展为七区（战略支援区、战役支援区、战术支援区、近战区、纵深机动区、战役纵深火力区、战略纵深火力区）全球性框架。

多域战设想的基本作战力量是多域融合的弹性编队。多域融合要求在基本作战分队建制内编配陆、海、空、天、网络等域的作战力量，使分队具备在多个作战域行动并释放能量的能力。弹性就是要求作战分队能够根据任务对相关力量进行灵活编组，以应对瞬息万变的作战需求。这样的作战分队还必须反应迅速，能够在数日内抵达冲突地区，并立即展开行动；具备较强的生存能力，通过实行任务式指挥，能够在通信和导航受阻、与上级联通不畅的情况下，根据任务目标主动并谨慎地展开行动；具备较强的自我保障能力，能够在没有持续补给和安全侧翼的环境下实施半独立作战。

多域战的制胜机理可以表述为：通过跨域聚能形成优势窗口，利用优势窗口促成各个域力量的机动，推动作战进程朝有利方向发展。这进而联动或并发地创造出更多优势窗口，使作战进程在一个个优势窗口的创建与利用中逐步推进，保证联合部队始终掌握主动权，而对手则陷于重重困境。跨域聚能是聚合己方多个域的作战效能，在特定的时间、地域作用于对手的特定作战域，以实现对敌一个或几个作战域能力的压制。跨域聚能是联合作战力量融合的新形式，其联合层级更低、领域更广、融合更深、精度更高。

优势窗口既是在某个域对敌形成的暂时优势，也是对手存在的弱点、失误甚至体系缺口。它可能表现为对手在特定时空火力、机动力、防护力的丧失，网络、电磁空间的失控，人心民意的背离，也可能表现为各域效应并发所形成的综合性缺口。临时优势窗口的创建和利用体现了对作战时间、空间和目的之间的动态关系的深刻理解，以及对多种力量与复杂作战行动的精确指挥控制，是一种超越制权的崭新理念。

多域战理论将与强手的对抗划分为竞争、冲突、重回竞争三个阶段。该理论强调在竞争阶段就不断根据事态发展调整前沿兵力部署，利用各种时机将部队部署至关键位置，突破对手的“反介入或区域拒止”战略，变对手“拒止”区域为对抗区域。一旦对抗升级为武装冲突，网络域、空间域作战力量能够即时展开行动，多域远征作战力量能够在数日内被投送至战区，与前沿部署力量协同行动。一旦行动胜利，目标达成，即重回竞争，在最大限度地保证自身利益的基础上避免过度刺激对手，导致冲突失控。

## 三、美军军事智能的发展

### 1. 三次抵消战略

自第二次世界大战结束以来，美国共提出过三次带有抵消性质的战略。第一次是面对 1953 年朝鲜战争后的财政危机和苏联威胁，美国提出以核技术优势抵消苏军压倒性常规军力优势的“新面貌”战略。但随着苏联核能力的提升和苏美核均势的形成，第一次抵消战略失去了作用，实际上以失败告终。

第二次是 20 世纪 70 年代中后期，针对越南战争后的困境，特别是苏联的常规军力优势，美国提出以精确打击技术为龙头、以信息技术为核心的抵消战略。美国依靠在技术和工业领域的优势地位，大力投资研发新信息技术以实现技术赋能价值，通过运用卫星侦察、全球定位、计算机网络、精确制导等技术，大大提升已有武器平台的作战效能，开启了第二次抵消战略，同时也促进了科技创新。第二次抵消战略被认为成功加速了苏联的战略衰退，并导致苏联解体和冷战结束。

第一次抵消战略是核武器时代，还有洲际弹道导弹、卫星间谍；第二次抵消战略是隐形技术和精确制导技术；第三次抵消战略就是现在，包括自主学习系统在内的技术应用，军事对抗能力早已升级到与合成生物学、量子信息科学、认知神经科学、人类行为建模以及新式工程材料相关的基础学科研究上。谁拥有了这些尖端技术，谁就有可能处在领先位置。

这三次抵消战略的思想一脉相承——都是在战争结束初期、国力相对下降、大国挑战加剧的背景下，谋求以技术创新来支撑并增强军事优势的长期竞争战略。

第三次抵消战略的目的是利用人工智能和自主能力等先进技术，实现作战效能的巨大飞跃，从而增强美国的常规威慑。沃克认为，该战略包括技术进步，但实际上是基于条令、训练和演习等的作战与组织构想，使美军可利用这些技术进行作战并获得优势。该战略也与机构战略相关，即组织国防部在新的动态环境中作战。

美国国防部强调，须重视人工智能和自主能力，须将人工智能和自主能力纳入作战网络，并重点关注五个方面：用于处理大数据并判断范式的自主学习系统；实现相关决策更及时的人机合作；通过技术辅助（如外骨骼或可穿戴电子设备）实现辅助人员作战；先进的人机作战编队，如有人驾驶和无人驾驶系统联合作战；网络使能的武器和高速武器，如定向能力、电磁导轨炮和高超音速武器等。

### 2. 美军 DARPA 军事智能经历的四个发展阶段

第二次世界大战后电子和计算机技术取得飞速进步，为用机器代替人执行任务奠定了基础。20 世纪 60 年代初，DARPA［当时为高级研究计划署（ARPA）］开始介入自主技术研究，并很快成为该领域的主要研究机构。DARPA 意识到，人工智能可以满足大量的国家安全需要。在人工智能项目的设置上，通过整合计算机科学、数学、概率学、统计数学、认知科学领域的成果，推动与智力有关的能力自动化，并且研究范围逐渐从语音识别、语言翻译等扩大到大数据分析、情报分析、基因组及医药、视觉与机器人学、无人驾驶与导航等各个领域。

虽然 DARPA 研制自主技术的时间较长，但长期以来，其研制的与自主技术相关的项目并非在一个固定的技术领域内进行，而是分散于多个不同的领域。直到 2014 年，DARPA 才正式在国防科学办公室下划分出自主技术领域。

由于自主技术涵盖的内容较为广泛，涉及通信、指挥控制、数据处理等多个不同领域，为聚焦重点，本书根据 DARPA 新设自主技术领域所研究的项目，结合《DARPA 技术成就》（1990 年）、《战略计算》（2002 年）等报告对 DARPA 技术的归类，将自主技术的研究范围限定为和陆、海、空机器人相关的自主技术以及和智能助手相关的自主技术。从时间节点看，DARPA 对自主技术的研究大体上可以分为四个阶段。

### 2.1 人工智能研究阶段

美国人工智能的发展在很大程度上归功于 DARPA 的支持。20 世纪 60 年代初，DARPA 在数学与计算机（MAC）计划中研制电脑分时操作技术，开展了最初的人工智能技术研究，但是直到 20 世纪 60 年代末，人工智能才作为一个单独的研究项目被列入 DARPA 的预算。到了 20 世纪 70 年代中期，DARPA 已经成为美国人工智能研究的主要支持者，并推动了人工智能技术的实际应用，如自动语音识别和图像理解。20 世纪 70 年代末，人工智能得到了更广泛的应用，并在一些军事系统上得到应用。1983 年，人工智能技术成为 DARPA 战略计算项目的关键组成部分。

在人工智能的研究上，DARPA 不仅支持基础研究，如知识表达、问题解决以及自然语言结构等技术，也支持应用研究，如在专家系统、自动编程、机器人技术和计算机视觉等领域的应用研究。

### 2.2　战略计算项目阶段

20 世纪 80 年代，国际上（特别是日本）加大了对计算机系统的研究力度，DARPA 感到在计算领域的优势地位受到威胁。于是在 1983 年，DARPA 成立了战略计算项目，以此提高其在计算和信息处理领域的优势。AI 成为战略计算项目的一个基本组成部分。

由于在启动战略计算项目之前，有些 AI 研究项目取得了显著进展，有些则因面临较大的技术问题难以为继，因此，战略计算项目在 AI 项目投资上，虽然仍对所有技术领域进行投资，但更侧重于能够继续获得进步的技术。受到关注的四个项目为：（1）语音识别项目，该项目可支撑导航辅助和作战管理；（2）自然语言开发，该技术是作战管理的基础；（3）视觉技术，该技术是自主无人车的基础；（4）可用于所有应用的专家系统。

### 2.3　1994—2014 年发展阶段

在战略计算项目之后，先进技术办公室（ATO）及后来的信息处理技术办公室（IPTO）继续开展相关自主技术的研究，在二十年内先后进行了数十项技术的研究，包括 ATO 的战术机动机器人（TMR）项目（主要用的是遥控技术）、IPTO 的机动自主机器人软件（MARS）项目和分布式机器人软件（SDR）项目、微系统技术办公室（MTO）的分布式机器人项目等。

### 2.4 自主领域成立阶段（2014 年至今）

2014 年第二季度，DARPA 的国防科学办公室建立了新的研究领域：自主化（半自主化）。其主要研究硬件和计算工具，使系统能够在缺少（甚至没有）基础设施的环境中，仅通过断断续续的联系便能正常工作。目前该领域的研究项目包括：自主机器人操纵（ARM）、快速轻量自主（FLA）项目、MICA 项目。

## 3. 美军 DARPA 军事智能发展的主要领域

### 3.1 语音识别技术

最初的项目为 20 世纪 70 年代初启动的语音识别研究计划（SUR）。在该计划中，DARPA 支持多个研究机构采用不同的方法进行语音识别研究，取得较好成绩的是卡内基梅隆大学的 Hearsay-Ⅱ技术以及 BBN 公司的 HWIM（Hear What I Mean）技术。其中 Hearsay-Ⅱ技术提出了采用并行异步过程，以将人的讲话内容进行零碎化处理的前瞻性观念；而 HWIM 技术通过庞大的词汇解码处理复杂的语音逻辑规则来提高词汇识别的准确率。

进入 20 世纪 80 年代，DARPA 开始采用统计学的方法研究语音识别技术，开发了 Sphinx、BYBLOS、DECIPHER 等一系列语音识别系统，已经能够进行整句连续的语音识别。

2000 年之后，DARPA 开始研制通过对话实施人机交互的系统，该系统还能在与不同人的对话中总结经验，提供个性化的服务。2001 年 DARPA 研制了供单兵使用的翻译装置。“9·11”事件之后，语音识别技术获得进一步的重视，能够进行单向翻译的名为“Phraselator”的装置问世。

2005 年，DARPA 发起全球自动化语言情报利用（GALE）项目。该项目寻找能够对标准阿拉伯语和汉语的印刷品、网页、新闻及电视广播进行实时翻译的技术，计划在 2010 年，使 95％的文本文档翻译和 90％的语音文件翻译达到 95％的正确率。

### 3.2　环境感知技术

环境感知技术主要涉及各类传感器信息的识别和应用。DARPA 最初的构想是研制出一种能够自动或半自动分析军事照片和相关图片的技术。随着研究的深入，特别是研制无人系统（主要是无人车）对信息输入的苛刻要求，DARPA 的项目从对静态信息的识别逐渐向对动态信息的感应和识别方向发展。

1976 年，DARPA 开启图像识别（IU）项目。其最初的目标是用 5 年的时间开发出能够自动或半自动分析军事照片和相关图片的技术。项目参与单位包括麻省理工学院、斯坦福大学、罗切斯特大学、斯坦福研究所（SRI）和霍尼韦尔公司等。1979 年，项目目标扩展，增加了图形绘制技术。到了 1981 年，预计 5 年内完成的项目并没有终止，而是持续到了 2001 年。

2001 年，DARPA 为解决环境感知问题，启动了 PerceptOR 项目，其目的是开发新型无人车用感知系统，要求系统足够灵巧，能够保证无人车在越野环境中执行任务，并且能在各种战场环境和天气条件下使用。2005 年该项目完成阶段性研究，后转为“未来作战系统地面无人车集成产品”项目，进行系统开发与测试。

2010 年，DARPA 启动“心眼”项目。该项目旨在开发一种智能视觉系统，仅通过视觉输入，便能够学习一般的应用并通过行动再现出来。

### 3.3 人工智能技术

DARPA 在 20 世纪 70 年代开始人工智能技术的研究，当时的信息处理技术办公室支持斯坦福大学和麻省理工学院进行研究（如后来的机器辅助认知项目），但此时的人工智能（包括机器人）并非 DARPA 的研究重点。

到了 20 世纪 80 年代初，DARPA 加强了自主空中、地面和海上运载器的研究（后称为杀手机器人），但该研究并没有达到预期目标。相关研究成果为后来的战略计算项目奠定了基础。

1985 年，DARPA 人工智能的研究（包括杀手机器人）成为战术技术办公室（TTO）聪明武器项目（SWP）的一部分。

1999 年，DARPA 在计算机和通信项目下设置了智能系统和软件技术的研制，旨在研制一种能够自主地为战士提供各类辅助信息的人工智能系统。

2006 年，DARPA 开启综合学习项目。该项目的目标是创造出一个融合专业知识和常识的推理系统，该系统能像人一样学习并可用于多种复杂任务。这样的系统将显著扩展计算机学习的任务类型，为研制执行复杂任务的自动系统打下基础。

2010 年，DARPA 开始资助深度学习（DL）项目，目标是构建一个通用的机器学习引擎。深度学习可以完成需要高度抽象特征的人工智能任务，如语音识别、图像识别和检索、自然语言理解等。深层神经网络模型（DNN）是包含多个隐藏层（也称隐含层）的人工神经网络（NN），多层非线性结构使其具备强大的特征表达能力和对复杂任务的建模能力。深度学习是目前最接近人脑的智能学习方法，将人工智能带上了一个新的台阶，将对一大批产品和服务产生深远影响。

深度学习源于人工神经网络的研究，深度学习采用的模型为深层神经网络模型，即包含多个隐藏层的神经网络。深度学习利用模型中的隐藏层，通过特征组合的方式，逐层地将原始输入转化为浅层特征、中层特征、高层特征直至最终的任务目标。

### 3.4　机器人自主控制技术

军用机器人（含无人车）控制技术的研究最早可以追溯到 20 世纪 30 年代，当时主要为轮式或履带式车辆的遥控技术。后来，控制技术逐渐从遥控发展到半自主、自主控制，从对轮式或履带式车辆运动的控制发展到对双足式、多足式机器人运动的控制，同时还增加了能够完成复杂作业的功能性部件（如机械臂）的控制技术。

20 世纪 80 年代，DARPA 在地面无人车的研制中投资研究轮式车辆的控制技术，并在 90 年代后同国防部联合机器人计划（JRP）一起资助相关车辆控制技术的研究。进入 21 世纪后，DARPA 连续启动无人车挑战赛，在更大范围内引发对车辆控制技术的研究。

2001 年，DARPA 在未来作战系统支持（FCS）项目下开展小型地面机器人（车辆）的研制。该项目研制的机器人采用步行或匍匐前进的运动方式，形成了新的控制方案。

2008 年，DARPA 提出学习机动项目。该项目的目的是开发新一代的学习算法，使无人控制的机器人成功穿越大型的、不规则的障碍物，更为重要的是，通过不断积累经验，这些算法能让机器人自主学会克服那些比人为编码设定的更加复杂的实际地形障碍。

这个项目由六个研究团队相互合作和竞争展开，每个团队提供了相同的由波士顿动态研究所制造的小型四足机器人（Little Dog）。为了降低导航问题中遥感技术的复杂性，每个团队还提供了一个由 Vicon 设计的动作捕捉系统。这样，在相同的硬件条件下，研究团队可以专注于寻找解决问题的最优算法，以判断崎岖的地形变化。

2010 年 2 月，DARPA 设置了新的机器人自主技术（ARM）项目。该项目的目标是研制具有高度自主能力、适合多个军种任务使用的控制器，让机器人能够迅速并以最小的代价执行人类级别的任务。ARM 机器人由手臂、脖子、头传感器等商业组件组成。它在没有人控制的情况下，通过充分使用自己的视觉、力量和触觉传感器，可以完成 18 种不同的任务。当前的机器人控制系统虽然能够保护生命、减少伤亡，但是在多种任务环境中能力有限，需要较多的人为干涉，并且完成任务所需的时间也较长。

### 3.5　自主编组协调技术

20 世纪 90 年代以前发展的是单功能化的组合式结构，信息流通结构精简单一。1991—1996 年，随着一些新兴技术的发展，如分级的链接状态路由协议 ISIS、操作系统内核 Mach，以及被广泛应用在工作站、PC、服务器、刀片服务器或单板计算机等互联集群的分包通信和交换技术 Myrinet，DARPA 建立了分布式布局。它由一个固定的控制中心连接许多相同终端，实现了个体组织单元的分化。

1997—2001 年，为了解决终端数量和种类增加引发的问题，协调各个部门之间资源的动态分配，有效、快速、准确地提供更多服务，实现各部门之间实时沟通、动态规划的反馈机制，DARPA 设计出了关系和连接更加复杂的集成计算装置。例如 DARPA/SC-21Concept（2010），通过在计划和不同任务层面上的协同，满足了飞机战斗编队、舰艇作战编队等应对复杂战争任务的合作要求。

## 四、未来智能化战争制胜的关键因素及挑战

### 1. 智能化战争制胜的关键因素

#### 1.1 人机环境系统融合

近年来，人工智能的杰出代表阿尔法系列在围棋等博弈中取得了耀眼的成绩，但其根本仍是封闭条件下的相关性机器学习和推理。而军事智能博弈的根本依然是开放环境下因果性与相关性混合的认知学习和理解，这种学习能够产生在一定程度上范围不确定的隐性知识和秩序规则（如同小孩子们的学习一样），这种理解可以把表面上无关的事物关联起来。种种迹象表明，未来的战争可能就是人机环境系统融合的战争。

孙子曰：知彼知己，百战不殆。这里的知既包括人的感知，也包括机器的感知，人机之间感知的区别是人会得意忘形，而机器对于意向的理解还不能够像人一样灵活深入；这里的己包括己方的人、机、环境三部分；这里的彼既包括对手，也包括装备和环境。所以，没有人，就没有智能，也就没有人工智能，更没有未来的战争。真正的智能或人工智能，不是抽象的数学系统所能够实现的。数学只是一种工具，实现的只是功能，而不是能力，只有人才会产生真正的能力，所以人工智能是人、机、环境系统相互作用的产物，未来的战争也是机器的计算结合人的算计的结果，是一种结合计算的算计或一种洞察。事实

上，若仅是单纯的计算，算得越快、越准、越灵，危险往往就越大，越容易上当受骗，越容易“聪明反被聪明误”。成语“塞翁失马”就说明了计算不如人的算计和洞察。

最近一段时间，美国各兵种分别针对未来作战方式提出了多域战、全域战、马赛克战等模式。这些模式都是人机环境系统工程，是人、机、环境中各元素的弥散与聚合，是各种符号的分布式表征计算与众多非符号的现象性表示算计的综合、混合、融合，同时也是机械、信息、知识、经验、人工智能、智能、智慧的交叉互补。

所以，人机环境系统融合智能机制、机理的破解将成为未来战争制胜的关键。任何分工都会受到规模和范围的限制，人机环境系统融合智能中的功能分配是分工的一部分，另外一部分是能力分配。功能分配是被动的，是外部需求所致；能力分配是主动的，由内部驱动所生。在复杂、异质、非结构、非线性数据、信息、知识中，人或类人的方向性预处理很重要，当问题域被初步缩小范围后，机器的有界、快速、准确优势便可以发挥出来了。另外，当获得大量数据、信息、知识后，机器也可以先把它们初步映射到几个领域，然后再由人进一步处理分析。这两个过程的同化顺应、交叉平衡大致就是人机有机融合的过程。

## 1.2　智慧化协同作战

未来的战争不仅是智能化战争，更是智慧化战争。未来的战争不但要打破形式化的数学计算，还要打破传统思维的逻辑算计，是一种人、机、环境各方优势互补的新型计算-算计博弈系统。这有点像教育，学校的任务是将知识点教授给学生（有点像机器学习），但教育不只是教授知识点，还应该挖掘知识背后的逻辑，或者是更深层次的东西。比如，我们在教计算的时候，其实要思考计算背后是什么。我们首先应该培养学生们的数感，再去教他们计算的概念，比如什么是加，什么是减，然后教他们怎么应用，进而形成洞察能力。

在智慧化战争中，协同作战是必要的手段。鉴于核武器的不断蔓延和扩散，无论国家大小，国与国之间未来战争的成本将会越来越高。从某种角度来说，双方既是合作伙伴，又是竞争对手和战略对手（既要防止核、生化、智能武器失控，又要摧毁对方的意志并打败对手）。如果把男性看作力量，把女性看作智慧，那么未来的战争应该是女性化战争，至少是混合式战争。

无论人工智能怎样发展，未来都是属于人类的，应该由人类定义未来战争的游戏规则并决定人工智能的命运，而不是由人工智能决定人类的命运。究其原因，人工智能是逻辑的，而未来战争不仅仅是逻辑的，还存在着大量的非逻辑因素。面对敌军强劲的电磁频谱和网络空间作战能力，各军种之间协同实施多领域作战时，信息、指挥控制、情报、监视、侦察等各个系统的无缝衔接和协调统一也将是一大考验。

所以，未来战争是将人、机、环境有效结合并协同多方领域所形成的智慧化协同作战模式。

## 2. 智能化战争中的挑战

### 2.1　人机融合问题

从表面上看，各国军事智能化发展非常迅速，百舸争流、百花齐放、百家争鸣，一片热火朝天的景象，实际上，各国的军事智能化进程都存在着一个致命的缺点，就是没能深入地处理人机融合的智能问题。任何颠覆性科技进步都可回溯到对基础概念的理解，例如人的所有行为都是有目的的，这个目的就是价值。目的可以分为远中近，其价值程度也相应有大中小，除了价值性因果推理之外，人比人工智能更为厉害的还有各种变特征、变表征、变理解、变判断、变预测、变执行。严格地说，当前的人工智能技术应用场景很窄，属于计算智能和感知智能的前期阶段，不会主动地刻画出准确的场景和情境，而智能科学中最难的就是刻画出有效的场景或上下文，但过去和现代军事智能化的思路却是训练一堆人工智能算法，各自绑定各自的军事应用场景。

一般而言，这些人工智能技术就是用符号、行为、联结主义进行客观事实的形式化因果推理和数据计算，很少涉及价值性因果关系判断和决策，而深度态势感知中的深度就是指事实与价值的融合。态、势涉及客观事实性的数据、信息、知识中的客观部分（如凸显性、时空参数等），可以简单称之为事实链；而感、知涉及主观价值性的参数部分（如期望、努力等），不妨称之为价值链。深度态势感知就是事实链与价值链交织纠缠在一起形成的双螺旋结构，进而能够实现有效的判断和准确的决策功能。另外，人侧重于主观价值把控算计，机侧重于客观事实过程计算，这也是一种双螺旋结构。如何实现这两种双螺旋结构之间（时空、凸显性、期望、努力、价值性等）的恰当匹配，是各国都有待解决的难题。从某种意义上说，深度态势感知解决的不仅是人机环境系统中时间矛盾、空间矛盾的凸显性，还是事实矛盾、价值矛盾和责任矛盾的选择性。矛盾就是竞争，决策包含冒险。

人机融合智能的优势在于能将人机两者的优势充分融合。然而，人类习惯于场景化的、灵活性的知识表达和多因素权衡、反思性的推理决策。这与机器的数据输入、公理化推理、逻辑决策机制有很大的不同。如果无法将人机有机融合，两者互相掣肘，反而会降低人机融合智能决策系统的效率。当前，在人机融合的知识表征和决策机制等方面还有很多理论问题亟待解决。

人机融合知识表征方面存在的主要问题是：缺少能够将传感器数据与指挥员的知识融合、适应实际作战场景的弹性知识库。人类指挥员有完备的军事理论知识，如战术学、兵器学、地形学等，对于组织准备、下定决心、火力准备以及实时作战行动都有特定的表征习惯。因此机器如果想要理解指挥员在特定任务场景下的语义表达，就需要结合任务、敌情、战术、地形等因素自动分析，形成综合态势判断。不能基于传统的“编程思维”事先穷举所有因素，而是要对战况进行“感知、理解和学习”，使知识库具有弹性，能够进行新陈代谢，解决人机战术知识的所指或能指一致性问题。

人机融合决策机制方面存在的主要问题是：缺少基于人机沟通的个性化智能决策机制。指挥员的风格千差万别，能够实现高效人机协作的智能系统一定是个性化的智能系统。个性化的智能系统不是简单的机器对指挥员习惯的适应和迁就，而是应该建立一种人机沟通的框架和机制。系统的决策建议有可能是对指挥员思路的补充，也有可能与指挥员的指挥风格完全相反。通过不断实践获得反馈，人机融合决策能力迭代发展，最终实现个性化的辅助决策系统，达到人与机器的最优匹配。

### 2.2　战争中的不确定性问题

著名军事理论家卡尔·冯·克劳塞维茨认为：战争是一团迷雾，存在着大量的不确定性，是不可知的。这里的不可知是不可预知、不可预测。从现代人工智能的发展趋势来看，可预见到未来的战争中存在很多仍未解决的人机融合隐患，具体有：

(1) 在复杂的博弈环境中，人类和机器是在特定的时空内吸收、消化和运用有限的信息。对人而言，其压力越大，误解的信息就越多，也就越容易感到困惑、迷茫和意外；对机器而言，对跨领域非结构化数据的学习、理解、预测依然是非常困难的事情。

（2）战争中决策所需信息在时空、情感上的广泛分布，决定了在特定情境中一些关键信息仍然很难获取，而且机器采集到的重要客观物理性数据与人类获取的主观加工后的信息、知识很难协调融合。

（3）未来战争中存在的大量非线性特征和出乎意料的多变性，常常会导致作战过程及结果的不可预见性，基于公理的形式化逻辑推理已远远不能满足复杂多变战况的决策需求。

### 2.3 人的问题

跨域协同是一个“人的问题”。多域战解决跨域协同问题的方式可以用两个术语来概括。一是聚合（convergence），即为达成某种意图在时间和物理空间上跨领域、环境和职能的能力集成；二是系统集成（integration of systems），即不仅聚焦于实现跨域协同所需的人和流程，还重视技术方案。截至目前，跨域协同尚没有成形，当前的系统和列编项目是“烟囱式”的互相独立，跨域机动和火力需要“人”方面的解决方案。随着自动化、机器学习、人工智能等技术的成熟，美军的对手将寻求应用这些技术能力来进一步挑战美国。按照沃克的要求，打破现有的“烟囱式”方案，设计出背后有人机编队做支撑的新方案，是美军的责任。

2020 年 5 月 12 日，美国防务专家彼得·希克曼发表了一篇名为《未来战争制胜的关键在于人》的文章。该文章认为，随着战争的性质不断演变，人工智能将对战争的演变做出重大贡献，但过高估计技术变革的速度和先进技术在未来胜利中所起的作用仍具有风险。过分强调技术将会使竞争对手发现盲点，进而加以利用。追求尖端技术并无问题，但在未来战争中，制胜的关键因素依然是人。事实上，这与毛泽东有关人民战争的战略思想是一致的：武器是战争的重要的因素，但不是决定的因素，决定的因素是人不是物①。

人工智能发展迅猛、应用广泛，已经成为新一轮科技革命、产业革命的主导因素，成为推进武器装备创新、军事革命进程和战争形态发生变化的核心力量。如果利用机器辅助指挥员完成指挥决策任务，辅助一旦产生，人和机就必然会形成一种依赖关系。因此，未来的智能化战争会是认知中心战，主导力量是智力，智力所占的权重将超过火力、机动力，追求的将是以智驭能。人机融合中的深度态势感知贯穿态势理解、决策、指挥控制等各个环节，在各个环节中起到倍增、超越和能动的作用。

科学的缺点在于否认了个性化、不受控、不可重复的事实，而倾向于那些一刀切、标准化方面的事实。而对于活生生的人而言，每个人都是自然的、自由的、个性化的、不可重复的主体。

---

①　毛泽东选集：第2卷. 2版. 北京：人民出版社，1991：469.

从这个角度看，人机融合的实质就是通过人类的参与帮助科技产品——机器修正它的不足和局限。

大数据的优点是受控实验普遍具有可重复性，如此一来，可以按图索骥寻找共性规律；但是，这也是大数据的一个缺点，它容易忽略新生事物，即对于受控实验中不可重复部分的出现表现出刻舟求剑效应。有些受控实验中不可重复的事实也是存在的，但这不在科学讨论的范畴内。以前是盲人摸象，现在是人机求剑。

未来战场上的作战对抗态势高度复杂、瞬息万变，多种信息交汇形成海量数据，仅凭人脑难以快速、准确处理，只有采用人机融合的运行方式，基于数据库、物联网等技术群，指挥员（人＋机）才能应对瞬息万变的战场，完成指挥控制任务。随着无人自主系统自主能力的提高、人工智能集群功能的增强，自主决策逐步显现。一旦指挥系统实现了不同功能的智能化，感知、理解、预测的时间将会大大压缩，效率会明显提高。加上用于战场传感器图像处理的模式识别、用于作战决策的最优算法，指挥系统将被赋予更加高级、完善的决策能力，逐步实现人与机的联合作战。

# 第二章
# 与民不同——军事领域中的人工智能有何不同？

人工智能作为一项革命性技术，近年来在各个领域迅速发展，尤其在军事领域引发了广泛关注。人工智能的核心在于模拟人类智能，通过机器学习、自然语言处理、计算机视觉等技术，实现自主决策、数据分析和任务执行。在军事应用中，人工智能可以用于无人机、智能武器、情报分析、后勤管理等方面。然而，这些技术的引入也伴随着潜在的风险。

## 一、人工智能军事应用的风险

在军事领域中，人工智能的决策自主性是其最具争议的特征之一。人工智能系统能够在极短时间内处理大量数据，做出决策。这种能力在战斗场景中可能具有优势，但同时也带来了重大的伦理和安全隐患。自主武器系统在没有人类干预的情况下做出攻击决策，可能导致误伤平民、错误判断目标等严重后果。人工智能决策的透明性不足，加上算法的复杂性，使得人类难以理解其决策过程。这种不透明性在军事行动中尤其危险，可能导致无法追责的后果。此外，人工智能系统在面对复杂和动态的战场环境时，可能无法做出合适的反应，导致不可预见的灾难。

不少人工智能技术依赖于大量数据进行训练和优化。军事领域中的数据来源包括卫星图像、传感器数据、通信记录等。这些数据的收集、存储和处理涉及国家安全和个人隐私问题。数据泄露或被恶意利用，可能导致敌方获取重要情报，甚至引发军事冲突。数据的偏见性也是一个重要问题。人工智能系统的决策基于训练数据，如果这些数据存在偏见，则可能导致系统做出不公正或错误的决策。在军事应用中，这种偏见可能会影响到战略决策，导致不必要的损失。

随着人工智能技术的不断进步，其失控的可能性逐渐增大。人工智能系统在执行任务时，可能出现无法预料的行为，尤其是在复杂的战场环境中。技术失控不仅可能导致误判，还可能引发大规模的军事冲突。人工智能系统的自我学习能力使其在某些情况下能够超越人类的控制。若没有适当的监管和控制机制，人工智能可能会根据自身的“判断”采取行动，导致不可逆转的后果。这种失控的风险要求军事机构在采用人工智能技术时，必须建立严格的监控和管理体系。

人工智能在军事领域的应用引发了广泛的伦理和法律讨论。关于自主武器的使用，国际社会尚未达成一致的法律框架。现有的国际法可能无法有效应对人工智能武器带来的新挑战，导致法律空白和伦理困境。伦理困境主要集中在如何界定责任上。若人工智能系统在军事行动中造成了伤害，责任应由谁承担?是设计者、操作员还是系统本身?这种模糊的责任界定可能导致法律上的争议，影响到国际关系的稳定。

人工智能在军事领域的应用，虽然带来了潜在的优势，但伴随而来的灾难性风险不容忽视。从决策自主性带来的伦理问题，到数据安全和技术失控的隐患，人工智能的军事应用面临诸多挑战。为确保技术的安全和可控，必须在国际层面进行深入讨论，制定相应的法律和伦理框架，以应对未来可能出现的各种风险。

## 二、人工智能在虚假信息中的应用

虚假信息是指故意传播的错误或误导性信息，通常旨在操纵公众舆论、影响决策或造成混乱。随着社交媒体和数字通信技术的迅猛发展，虚假信息的传播速度显著提高、范围显著扩大。近年来，虚假信息在政治、经济、公共卫生等多个领域的影响越发显著，尤其是在选举、疫情应对等关键时刻，虚假信息的传播往往会造成严重后果。

### 1. 人工智能在虚假信息传播中的角色

人工智能技术，特别是自然语言处理（NLP），可以被用于自动生成虚假信息。例如，通过训练语言模型，人工智能可以生成看似真实的新闻文章、社交媒体帖子或评论。这些自动生成的内容在形式上与真实信息无异，难以被普通用户识别，从而加大了虚假信息传播的风险。深度伪造（deepfake）技术是利用深度学习生成伪造图像、视频或音频的一种方法。这项技术可以将一个人的面孔或声音合成到另一个人的视频中，制造出虚假的场景。例如，深度伪造技术可以被用于制造假政治演讲、假新闻视频等，严重误导公众认知。

### 2. 人工智能在虚假信息检测中的应用

人工智能在虚假信息检测中也发挥了重要作用。通过机器学习算法，人工智能可以分析大量的在线内容，识别出潜在的虚假信息。社交媒体平台和新闻网站利用这些技术，对用户生成的内容进行审核，及时标记或删除虚假信息。情感分析是利用自然语言处理技术分析文本情感倾向的一种方法。人工智能可以通过情感分析识别出那些具有煽动性或偏见的内容，从而帮助平台更好地判断信息的真实性。通过监测情感变化，人工智能还可以发现虚假信息传播的网络和模式。

## 3. 人工智能在军事领域虚假信息中的应用实例

人工智能在军事领域的虚假信息应用，展示了技术在现代战争中的双刃剑特性。虽然这些技术可以用于信息战，但它们也可能引发伦理和法律问题。为了应对这些挑战，各国需要加强对人工智能技术的监管，确保其在军事行动中的合理使用。

### 3.1　自动生成虚假内容

在某些冲突地区，人工智能可以被用来自动生成虚假的新闻报道，制造敌对国家或组织的负面形象。利用自然语言处理技术，人工智能可以生成看似真实的新闻文章，声称敌方军队实施了战争罪行或侵犯了人权。这类虚假信息不仅会误导公众舆论，还可能激化冲突。深度伪造技术可以用于伪造视频，显示某国领导人发表了煽动性言论或签署了不利条约。例如，利用深度学习算法，生成一个假视频，显示某国总统在会议上支持对敌国采取军事行动。这种视频可能在社交媒体上迅速传播，引发公众恐慌和国际关系紧张。

### 3.2　情报操纵

在军事对抗中，人工智能可以被用来生成虚假的情报报告，误导敌方决策。例如，利用机器学习分析敌方的通信模式，人工智能可以生成假情报，声称本国部队在某区域集结，从而诱使敌方调动资源，造成战略失误。在网络战中，人工智能可以被用来制造和传播虚假信息，干扰敌方的指挥链。例如，通过社交媒体平台散布关于虚假攻击的消息，导致敌方误判局势，从而影响其军事决策和行动。

另外，自主武器系统（如无人机和机器人）能够在没有人类干预的情况下进行攻击。如果这些系统出现故障或被黑客攻击，则可能会导致误杀平民或非战斗人员。例如，如果一台无人机错误识别目标并发动攻击，可能造成严重的人员伤亡和国际争端。人工智能可以分析大量数据以支持军事决策，但如果算法出现偏差或训练数据不准确，则可能导致错误判断。如人工智能可能错误地将友军识别为敌人，从而导致误击，造成不必要的损失。随着人工智能在军事决策中的应用增加，可能会出现责任缺失的问题。当自主系统做出致命决策时，责任归属变得模糊，可能导致对战争罪行的追责困难。这种情况可能会引发国际社会的强烈反对，增强冲突的复杂性。人工智能系统能够在极短时间内做出决策，这可能导致军事行动的过度反应。在紧张局势下，人工智能可能会在没有充分验证信息的情况下迅速采取行动，导致不可逆转的后果。在误判情况下，人工智能可能会发起攻击，从而引发全面冲突。

人工智能在军事领域的应用虽然具有提升效率和精准度的潜力，但其潜在的灾难性风险也不容忽视。各国在推进军事人工智能技术时，必须加强伦理审查和技术监管，以确保其安全、可靠地应用于军事行动。

## 三、机器学习如何消化和分析战场数据?

战场数据具有多样性、复杂性和动态性。数据来源于各种传感器、无人机、卫星图像、通信记录等,涵盖了战斗过程中的各种信息。这些数据不仅包括地理位置信息、敌我部队的动态、武器使用情况,还包括环境因素如天气、地形等。由于战场环境瞬息万变,数据的实时性和准确性至关重要。数据的多样性体现为丰富的信息种类,包括结构化数据(如数值、分类信息)和非结构化数据(如图像、文本)。例如,卫星图像提供了地面情况的直观表现,而通信记录则反映了指挥员的决策过程。这些数据的复杂性使得传统的数据处理方法难以有效应用。因此,机器学习技术的引入为战场数据分析提供了新的解决方案。动态性也是战场数据的显著特征,战斗情况瞬息万变,数据不断更新。指挥员需要及时获取最新信息,以便快速做出决策。机器学习技术能够通过实时数据流处理,对动态数据进行快速分析,识别出潜在的战斗趋势和敌方动向。

机器学习是一种通过数据训练模型,使计算机能够自动学习并改进性能的技术。其核心在于利用算法从数据中提取特征,并通过训练过程构建预测模型。机器学习通常分为监督学习、无监督学习和强化学习三种类型。监督学习通过标注数据进行训练,目标是学习输入与输出之间的映射关系;适用于战场数据分析的场景，包括敌方位置预测、战斗结果预测等；常用的算法包括决策树、支持向量机和神经网络。无监督学习则在没有标注数据的情况下进行，主要用于数据聚类和降维。这种方法适用于发现数据中的潜在模式，例如通过聚类分析识别出相似的战斗场景或部队动态。强化学习通过与环境的交互进行学习，目标是最大化累积奖励，在战场数据分析中，强化学习可用于优化资源配置和战术决策，通过模拟不同策略的效果，帮助指挥员选择最佳行动方案。

战场数据的复杂性要求在进行机器学习分析之前，必须对数据进行预处理。数据预处理包括数据清洗、数据集成、特征提取等步骤。数据清洗旨在去除噪声和错误数据，确保数据的准确性。数据集成则将不同来源的数据整合为统一的数据集，以便后续分析。特征提取是机器学习中的关键步骤，从原始数据中提取出具有代表性的特征，能够显著提高模型的性能。在战场数据分析中，特征提取可以包括空间特征（如地理位置、距离）、时间特征（如时间戳、持续时间）以及行为特征（如部队移动速度、攻击频率）。使用深度学习技术，尤其是卷积神经网络（CNN），能够有效处理图像数据。比如，通过对卫星图像进行特征提取，识别出地面目标的位置和状态。此外，自然语言处理技术可用于分析文本数据，如通信记录中的指令和情报，从中提取出有价值的信息。

机器学习模型的训练过程包括选择合适的算法、划分训练集和测试集、模型训练和验证等步骤。在战场数据分析中，选择合适的算法至关重要，不同的任务可能需要采用不同的算法。例如，对于分类任务，可以选择支持向量机；而对于回归任务，则可以选择线性回归或神经网络。数据集的划分通常采用交叉验证的方法，以确保模型的泛化能力。在训练过程中，模型通过不断调整参数来最小化损失函数，从而提高预测准确性。训练完成后，使用测试集对模型进行验证，评估其在未知数据上的表现。模型的性能评估指标包括准确率、召回率、F1 值等。通过这些指标，可以判断模型在战场数据分析中的有效性。例如，在敌方位置预测任务中，准确率和召回率能够反映模型对敌方动态的预测能力。

机器学习在战场数据分析中的应用案例逐渐增多，具体包括敌方动态预测、战斗损失评估和资源优化等。通过分析历史战斗数据，机器学习模型能够识别出敌方的移动模式，从而预测其下一步的行动。这种预测能力帮助指挥员在战斗中做出更为精准的决策。在战斗损失评估中，机器学习能够通过分析战斗数据，快速评估部队的损失情况，并为后续的战术调整提供依据。这种实时评估能力在复杂的战斗环境中尤为重要。在资源优化方面，机器学习通过对战斗数据的分析，帮助指挥员合理配置兵力和物资，确保在关键时刻能够将战斗力最大化。这种优化能力不仅提高了战斗效率，也减少了不必要的资源浪费。

随着技术的不断进步，机器学习在战场数据分析中的应用前景广阔。未来，深度学习技术将进一步提升数据处理能力，尤其是在图像和视频数据分析方面。此外，结合大数据技术，机器学习能够处理更大规模的战场数据，提高分析的实时性和准确性。多模态学习将成为研究热点，通过融合不同种类的数据（如图像、文本、传感器数据），提升模型的综合分析能力。此外，强化学习的应用将不断扩展，帮助指挥员在复杂的战场环境中进行动态决策。简言之，机器学习在战场数据分析中的应用将不断深化，推动军事决策的智能化和精准化，为现代战争的胜利提供有力支持。下面将探讨几个实际应用场景，包括敌方动态预测、战斗损失评估和资源优化等，展示机器学习在现代战争中的实际应用。

### 1. 敌方动态预测

在现代战争中，敌方动态预测对于制定有效的战术至关重要。通过分析敌方的移动模式，指挥员可以预判其下一步的行动，从而调整自己的部署和策略。在某次军事演习中，军方利用机器学习算法分析过去几个月的敌方移动数据。数据来源包括无人机监控图像、卫星图像和通信记录。通过对这些数据的处理，军方构建了一个基于深度学习的预测模型，具体过程包括：（1）数据收集。收集敌方部队的移动轨迹、战斗记录和环境因素（如天气、地形）。（2）数据预处理。对数据进行清洗和特征提取，包括提取出敌方部队的速度、方向和活动频率等特征。(3)模型训练。使用长短期记忆网络(LSTM)进行模型训练，LSTM能够处理时间序列数据，适用于预测敌方的未来位置。(4)模型验证。通过交叉验证评估模型的预测精度。经过训练，模型能够在敌方部队移动前的72小时内进行准确预测。指挥员根据模型的预测结果，结合自己及团队的经验，可以成功调整部队部署，提前做好防御准备，以在演习中取得胜利。

### 2. 战斗损失评估

在战斗中，及时评估战斗损失对于后续的战术调整和资源配置至关重要。机器学习可以通过分析战斗数据，快速评估部队的损失情况。例如在一次实战中，某国军队利用机器学习技术对战斗损失进行评估。数据来源包括实时监控、战斗报告和后勤数据。过程涉及:(1)数据收集。收集战斗过程中的各类数据，包括部队出征人数、伤亡人数、物资损失等信息。(2)数据预处理。对数据进行清洗，去除错误和不完整的数据，并进行标准化处理。(3)特征提取。提取出与损失相关的特征，如战斗强度、攻击频率和敌我兵力对比等。(4)模型训练。使用随机森林算法进行模型训练，随机森林算法能够处理高维数据并提供较好的预测效果。(5)模型验证。通过历史战斗数据验证模型的准确性。模型成功评估出该军队在战斗中的损失，且与实际情况相符。指挥员根据损失评估结果，及时调整了后续的战术部署，确保了军队的有效运作。

### 3. 资源优化

在战斗中，合理配置资源（如兵力、弹药、车辆等）至关重要。机器学习可以通过分析战斗数据，帮助指挥员优化资源配置，提高战斗效率。在军事行动前，某国军方利用机器学习技术进行资源优化。数据来源包括历史战斗数据、后勤支持数据和实时监控信息。具体过程包括：（1）数据收集。收集历史战斗中的资源使用情况，包括兵力部署、弹药消耗和后勤支持情况。（2）数据预处理。对数据进行清洗和整合，确保数据的完整性和一致性。（3）特征提取。提取出与资源使用相关的特征，如战斗类型、敌我兵力对比和地理环境等。（4）模型训练。使用强化学习算法进行模型训练，以优化资源配置策略。（5）模型验证。通过模拟不同战斗场景，验证模型的有效性。经过训练，模型能够在不同战斗场景下提供最佳的资源配置方案。指挥员根据模型建议，成功优化了兵力和物资的部署，提高了作战效率，减少了不必要的资源浪费。

### 4. 应用场景示例：深绿辅助决策系统

1997 年“深蓝”赢得了国际象棋的人机大战之后，DARPA 以此为模板开始研发下一代作战指挥和决策支持系统“深绿”（DeepGreen，DG），如图 2－1 所示。其把观察—判断—决策—行动环中的“观察—判断”环节通过计算机多次模拟仿真，演示出采用不同作战方案可能产生的效果，对敌方的行动进行预判，让指挥员做出正确的决策，缩短制订和分析作战计划的时间，主动对付敌人而不是在遭受攻击后被动应对，从而使美军指挥员无论在思想上还是行动上都能领先潜在对手一步。

**图 2-1　"深绿"系统原理示意图**

"深绿"系统主要由名为"指挥员助理"的人机交互模块、名为"闪电战"的模拟模块、名为"水晶球"的决策生成模块组成，其架构图如图 2-2 所示。

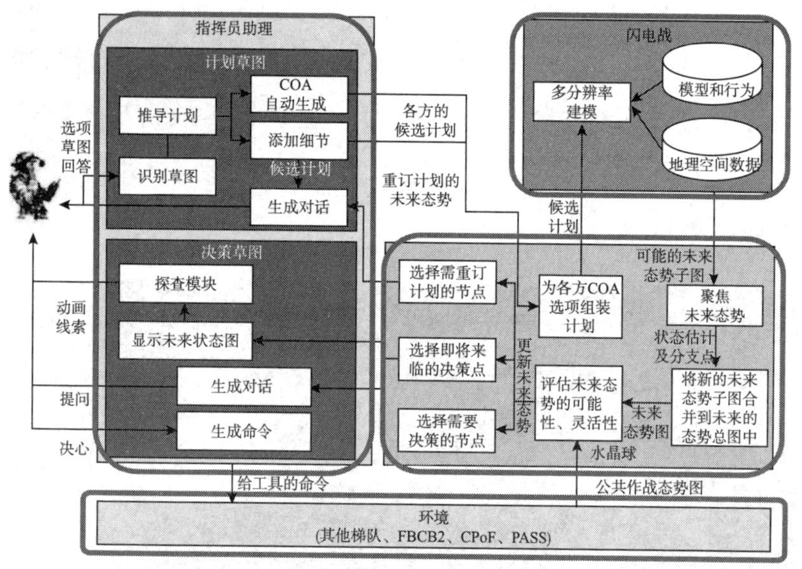


**图 2-2 “深绿”系统架构图**

### 4.1 “指挥员助理”模块

“指挥员助理”模块主要执行人—机对话任务，可将指挥员手绘的草图和表达指挥意图的相应语言自动转化为旅级行动方案（COA），帮助快速生成作战方案和快速决策。该模块包括以下三个子模块：计划草图、决策草图和自动方案生成。

（1）计划草图子模块。

计划草图具有以下功能：接受用户的手绘草图及语音输入，并将其转化为标准的军用符号，如美军作战符号准则MILSTD2525B，指挥员可以用自己的方式进行思考和绘图，而不必拘泥于完全正式的军用标准；为作战方案补充细节；拥有足够的各领域知识，当遇到少数不清楚的问题时，可以询问用户，理解其真实意图并对战斗模型进行初始化。

计划草图的输出是用军事想定标记语言描述的行动方案。计划草图包括草图识别器、计划诱导器、细节添加计划器以及对话生成器等。草图识别器将一系列自行绘制的记号以及语音转化为一系列标准军用符号；计划诱导器利用大量符号帮助指挥员确定计划与意图；细节添加计划器将为指挥员生成的方案添加细节，这样“闪电战”模块才能对该方案进行仿真；对话生成器可以与指挥员进行交互，澄清模糊问题，帮助理解指挥员的决心意图。

（2）决策草图子模块

决策草图对实现“深绿”目标非常关键，其目的是使指挥员“看见未来”。它具有以下功能：接收来自“水晶球”模块的决策点输入和来自指挥员的决策；显示采用不同决策方案所产生的可能情况、风险、价值、效果以及其他因素等多维信息，帮助指挥员更好地理解未来可能形成的态势；向下属传达决策。

决策草图包括探查模块、表示模块、对话生成器以及命令生成器。探查模块允许指挥员探究未来可能的作战图像，从而掌握决策的后续效果；表示模块将来自未来作战图像的信息转换为直观表述；对话生成器为指挥员呈现所需要的决策，并与指挥员进行沟通，直到真正理解指挥员的作战意图；命令生成器将指挥员的决策规范表达为对下属的指令，并向“水晶球”

模块提供该信息，用于保持和更新未来作战图像。

(3) 自动方案生成子模块。

在“深绿”计划初期，自动方案生成子模块仅是简单地将指挥员的意图转化为作战方案。随着“深绿”计划的推进，该模块的目标变为可创造性地自动生成符合指挥员意图的作战方案。

### 4.2 “闪电战”模块

“闪电战”模块是“深绿”系统中的模拟部分，通过利用定性与定量分析工具，它可以迅速地对指挥员提出的各种决策计划进行模拟，从而生成一系列未来可能产生的结果。该模块具有自学习功能，对未来结果预测的能力可不断提高。

“闪电战”模块可以识别各个决策分支点，从而预测可能结果的范围和可能性，然后顺着各个决策路径进行模拟。“闪电战”模块主要包括多决策模拟器、模型与行为库、地理空间数据库三部分，具有以下功能：输入作战各方的方案；确定决策分支点或未来可能的情况；推理评估每个决策分支的可能性；对所有决策都进行连续模拟，遍历所有可能的决策选择。

### 4.3 “水晶球”模块

“水晶球”模块能够根据作战过程中的信息及时对未来作战进程进行更准确的预测。其主要功能包括：在生成未来可能结果的过程中，接收来自计划草图的决策方案，然后发给“闪电战”模块进行模拟，随后接收来自“闪电战”模块的反馈，并以定量的形式将所有未来可能的结果进行综合分析；从正在进行的作战行动中获取更新信息，同时更新各种未来可能的结果的可能性参数；利用这些更新的可能性参数，对未来可能的结果进行分析比较，向指挥员提供最有可能发生的未来结果；利用分析结果，确定即将到来的决策点，提醒指挥员进行再决策，并调用决策草图。

通过以上案例，我们可以看到机器学习在战场数据分析中的重要作用。无论是敌方动态预测、战斗损失评估还是资源优化，机器学习都为指挥员提供了强有力的数据支持，帮助他们在复杂的战场环境中做出更明智的决策。随着技术的不断进步，未来机器学习在军事领域的应用将更加广泛，将为现代战争的胜利奠定更为坚实的基础。这种人机系统的应用，不仅提高了战斗效率，也增强了部队的整体战斗力。

## 四、军事机器学习不同于传统机器学习

机器学习是人工智能的一个重要分支，旨在通过算法从数据中学习模式和规律，以实现自动化决策。机器学习的主要类型包括监督学习、无监督学习和半监督学习，广泛应用于分类、回归、聚类等任务。传统机器学习依赖于特征工程，通常需要专家手动提取特征，以便模型能够有效学习。在军事领域，机

器学习的应用场景丰富多样，主要包括情报分析、预测维护、资源优化、战场态势感知等。

机器学习在情报分析中的应用尤为重要。通过对历史数据的分析，机器学习模型能够识别潜在的威胁和敌方动向，利用分类算法分析社交媒体和通信数据，可以及时发现恐怖活动或敌对行为的迹象。在军事装备的预测维护中，机器学习能够帮助预测设备故障。通过对传感器数据的实时监测，模型可以识别出设备的异常模式，提前预警，从而降低维修成本和缩短停机时间，提高作战效率。军事资源的配置和调度是确保作战成功的关键，机器学习可以用于优化资源分配。通过分析历史数据和实时情况，模型能够提出最佳的资源配置方案，确保资源在不同战斗阶段得到合理使用。在战场态势感知中，机器学习能够整合来自不同传感器和数据源的信息，实时分析战场动态。通过数据融合和模式识别，模型能够提供准确的态势评估，帮助指挥员快速做出决策。

军事深度学习与传统深度学习存在显著区别。传统深度学习主要应用于商业和科研领域，侧重于数据处理和模式识别；而军事深度学习则强调实时性、安全性和可靠性，要求模型能够在复杂和动态的环境中做出快速反应。此外，军事深度学习通常涉及多源数据融合；传统深度学习则多依赖单一数据源。在军事应用中，数据来自传感器、卫星、无人机等多条渠道，如何有效融合这些数据、提高决策的准确性，是军事深度学习研究的重要方向。

军事强化学习与传统机器学习存在显著区别。传统机器学习侧重于从历史数据中学习模式，强调数据的质量和数量；而强化学习则强调智能体与环境的动态交互，学习过程依赖于实时反馈；军事强化学习则更注重决策的实时性和准确性，要求模型能够快速适应不同的战场环境。此外，军事强化学习通常需要考虑多智能体协作。在复杂战斗场景中，多兵种、多无人机协同作战，强化学习需要在多智能体之间协调行动，以实现整体战术目标。这种协作性质使得军事强化学习的研究更加复杂，也更具有挑战性。

尽管军事机器学习展现出了巨大潜力，但它在实际应用中也面临诸多挑战。军事数据通常受到保密限制，获取高质量的训练数据很困难。缺乏足够的数据支持，可能导致模型的泛化能力不足，影响其在实际应用中的表现。军事任务通常要求实时决策，而机器学习模型的训练和推理过程需要大量的计算资源。在资源有限的情况下，如何优化模型的性能是一大挑战。军事环境复杂多变，传统机器学习模型在遇到新情况时可能无法有效适应。因此，如何提高模型的适应性，使其能够在不同环境和条件下保持良好性能，是一个重要的研究方向。

军事机器学习与传统机器学习存在显著区别。传统机器学习主要应用于商业和科研领域，侧重于数据处理和模式识别；而军事机器学习则强调实时性、安全性和决策的可靠性。在军事应用中，决策的实时性至关重要。传统机器学习模型往往依赖于离线训练，而军事机器学习需要在动态环境中进行在线学习，以快速适应变化。军事任务涉及多种数据源，包括传感器、卫星、无人机等，如何有效整合和利用这些多样化的数据，是军事机器学习面临的一大挑战。传统机器学习通常处理单一数据源，缺乏这种多源数据整合的能力。而军事决策往往涉及高风险，错误的决策可能导致严重后果。因此，军事机器学习需要在模型设计中考虑风险管理，确保决策的安全性和可靠性。

未来，军事机器学习将朝着更高效、更智能的方向发展。研究者将致力于提升模型的训练效率，探索新型算法，以适应复杂的军事环境。同时，结合深度学习和强化学习等技术，军事机器学习模型的决策能力将进一步增强，能够处理更高维度和更不确定的任务。

此外，数据获取和处理技术的进步，将为军事机器学习提供更为丰富的训练数据。通过模拟环境的构建和数据增强技术，研究者可以生成大量虚拟数据，帮助模型进行有效训练。未来，军事机器学习将在智能决策、自动化作战等方面发挥越来越重要的作用。

# 第三章
# 虚实相映——兵棋推演与现代战争

兵棋推演作为一种模拟战争的工具，起源于19世纪的军事训练。其核心在于通过模型化的方式重现战场环境，帮助指挥员进行决策。兵棋推演不仅涉及军事战略的制定，也涵盖战术层面的细致分析。最初，兵棋推演依赖于物理棋盘和棋子，通过手动操作进行战斗模拟。随着科技的发展，尤其是计算机技术的进步，兵棋推演逐渐演变为数字化和虚拟化的形式。现代兵棋推演不仅限于传统的军事领域，还扩展到政治、经济等多方面的决策支持。通过建立复杂的模型，研究者能够分析不同变量对战争结果的影响。兵棋推演的应用范围广泛，涵盖了从国家战略到局部冲突的各个层面，成为现代战争研究的重要工具。

## 一、兵棋推演的历史

兵棋推演作为一种军事决策支持工具，具有悠久的历史。

它的发展历程不仅反映了军事思想的演变，也体现了技术与战术的进步。下面将初步探讨兵棋推演的历史发展——从古代的军事游戏到现代数字化推演的演变过程。

兵棋推演的起源可以追溯到古代的军事游戏。这些游戏通常以棋盘的形式进行，模拟战争的战略与战术。例如，中国的围棋和象棋都是古老的军事模拟游戏。围棋通过复杂的棋局变化，反映了战场上的战略思维，而象棋则模拟了古代战争中的阵形与战斗。古代军事家如孙子、克劳塞维茨等对兵棋推演的发展产生了深远影响。孙子的《孙子兵法》强调了战略思维与战术应用的重要性，为后来的军事推演提供了理论基础。克劳塞维茨则提出了“战争是政治的继续”这一观点，强调了战争与决策之间的紧密联系，推动了兵棋推演的理论发展。

进入 19 世纪，兵棋推演逐渐从军事游戏演变为一种正式的军事训练工具。欧洲各国的军队开始采用军事演习与推演来训练指挥员与士兵。例如，普鲁士军队 19 世纪初期引入了兵棋推演，利用棋盘模型进行战术训练，以提高指挥员的决策能力。随着科学技术的发展，兵棋推演的工具与模型也不断演进。军事指挥员开始使用纸质地图、模型和骰子等工具来进行战术模拟。这些工具的引入使得兵棋推演的过程变得更加系统化与科学化，推动了军事训练的专业化。

第二次世界大战期间，兵棋推演的应用达到了一个新的高峰。各国军队广泛使用兵棋推演来制定战略与战术，评估不同作战方案的可行性。例如，美国军方在诺曼底登陆前进行了大量的兵棋推演，以确定最佳的登陆方案。这一时期，兵棋推演不仅用于训练，还成为实际作战决策的重要依据。20 世纪 50 年代，计算机技术的迅速发展使得兵棋推演进入了一个新的阶段。计算机模拟开始被广泛应用于军事训练中，能够处理大量的数据与复杂的战斗场景。通过计算机模拟，指挥员能够更直观地理解战场动态，提高决策的科学性与准确性。

在兵棋推演的发展历程中，多个国家和地区对其进行了深入研究。美国在 20 世纪 60 年代开始重视兵棋推演，发展出一系列计算机辅助的推演系统。与此同时，俄罗斯等国也在不断探索适合自身国情的兵棋推演方法。1991 年，在海湾战争中，美国军方利用兵棋推演来制订“沙漠风暴”行动计划。通过模拟不同的战术选择和敌军反应，指挥员能够优化部队部署和攻击计划，确保快速而有效地击败伊拉克军队。随着国际局势的变化，兵棋推演的理论与实践也在不断演进，逐渐形成了多元化的研究体系。兵棋推演的核心在于其模型的构建与验证。通过对历史战例的分析，研究者能够提炼出有效的战斗模式，并将其应用于新的推演。例如，美国国防部就使用复杂的计算机程序来模拟网络战和信息战情景，评估网络攻击对军事行动的影响。这种推演能够帮助指挥员在面对新型战争威胁时做出更为精准的决策。这一过程不仅提高了推演的准确性，也为军事决策提供了科学依据。现代兵棋推演还强调多学科的交叉，结合心理学、社会学等领域的研究成果，进一步丰富了其理论基础。

进入 21 世纪，兵棋推演逐渐向数字化、智能化发展。现代兵棋推演不仅能够模拟传统的战斗场景，还能够结合大数据、人工智能等技术实现复杂的实时决策支持。通过虚拟现实与增强现实技术，指挥员可以在沉浸式环境中进行战术演练，提升实战能力。随着全球化的深入，国际军事合作也在推动兵棋推演的发展。各国军队通过联合演习与推演，分享经验与技术，提升共同应对安全挑战的能力。例如，北大西洋公约组织定期举行联合兵棋推演，通过兵棋推演模拟应对突发危机的场景，确保各国部队能够有效配合，提升整体作战能力。这些例子展示了兵棋推演在不同历史阶段和军事环境中的重要性，它能帮助指挥员评估战术选择、优化决策过程。

未来，随着人工智能、区块链、云计算等新兴技术的不断发展，兵棋推演将更加智能化与自动化。通过集成多种技术，兵棋推演能够实现更高效的数据分析与决策支持，为指挥员提供更加精准的战术建议。随着战争形态的不断演变，兵棋推演的内容与形式也需要不断调整。未来的兵棋推演将更加注重非传统安全威胁的应对，如网络战、信息战等。通过对新型战争形态的研究，兵棋推演将为现代战争提供更全面的支持。兵棋推演的发展历程反映了军事思想、技术与战术的演变。从古代的军事游戏到现代的数字化推演，兵棋推演在军事决策中扮演着越来越重要的角色。通过对历史的回顾，我们可以更好地理解兵棋推演的价值与意义，为未来的军事决策提供借鉴与指导。

## 二、兵棋推演在现代战争中的重要性

兵棋推演在现代战争中扮演着不可或缺的角色，其重要性体现在多个方面。首先是为指挥员提供决策支持。在复杂多变的战场环境中，指挥员面临着大量的信息与选择，兵棋推演能够通过模拟不同情境帮助指挥员评估各种决策的潜在后果。通过对敌我双方力量、地形、天气等因素的综合考虑，兵棋推演能够为指挥员提供更为科学的决策依据。其次，兵棋推演有助于提升部队的作战能力。通过系统的推演训练，部队能够熟悉各种战斗情境，提高应对突发事件的能力。兵棋推演不仅限于战术层面的训练，更涉及战略层面的思考。通过反复的推演与演练，部队指挥员能够在实际作战中更好地应对复杂局面，减少决策失误。再次，兵棋推演在战争准备中起到关键作用。现代战争的复杂性要求各国军队在和平时期就进行充分的准备。兵棋推演提供了一种有效的手段来帮助军队评估自身的战斗力与潜在威胁。通过推演不同的战争场景，军队能够识别出自身的不足之处，并进行有针对性的改进与调整。最后，兵棋推演在国际关系与安全研究中也具有重要意义。国家之间的安全关系常常受到多种因素的影响，兵棋推演能够帮助决策者理解不同国家的战略意图与潜在行为。通过模拟国际冲突的可能性，研究者能够为政策制定提供参考，促进国家间的沟通与合作。简言之，兵棋推演在现代战争中不仅是战斗准备的重要工具，更是提升决策科学性与作战能力的关键手段。随着技术的不断进步，兵棋推演的应用将更加广泛，其理论与实践也将不断深化。

兵棋推演的技术与方法经历了多次变革。随着信息技术的发展，推演的手段与工具不断丰富。传统的兵棋推演主要依赖棋盘与棋子，操作简单，但在复杂战场环境中难以应对多变的局势。现代兵棋推演则采用了计算机模拟、虚拟现实等先进技术，能够更真实地再现战斗场景。计算机辅助兵棋推演系统是现代推演的主要形式之一。这些系统通过建立详尽的战场模型，能够快速计算出不同战术选择的结果。研究者能够在虚拟环境中进行多次推演，分析不同变量对战争结果的影响。这种方法的优势在于其高效性与准确性，使得指挥员能够在短时间内获得多种决策方案。虚拟现实技术的应用为兵棋推演开辟了新的可能性。通过沉浸式的体验，指挥员能够身临其境地感受战场环境，这对于理解战斗情境、评估决策后果具有重要意义。虚拟现实技术的引入使得兵棋推演不仅限于理论分析，更能够应用于实战演练，提升部队的实战能力。此外，人工智能的引入为兵棋推演带来了革命性的变化。通过机器学习与数据分析，人工智能能够处理大量复杂的信息，帮助研究者识别出潜在的战争模式与趋势。这一过程不仅提高了推演的效率，也为军事决策提供了更为科学的依据。在方法论方面，现代兵棋推演强调多学科的交叉与融合。心理学、社会学、经济学等领域的研究成果被广泛应用于兵棋推演中，帮助研究者更全面地理解战争的复杂性。通过建立综合模型，研究者能够分析不同因素对战争结果的影响，为决策提供更为全面的参考。兵棋推演的技术与方法在不断演进，现代技术的应用使得推演的准确性与效率大幅提升。未来，随着科技的进一步发展，兵棋推演将在军事决策与战争研究中发挥更加重要的作用。

## 三、兵棋推演与人机环境系统智能

人机环境系统（human-machine environment system，HMES）是指人类与机器之间相互作用的系统，涵盖了人类操作员、计算机系统以及所处的环境。该系统的核心在于通过有效的交互实现人类与机器的协同工作，以达到最优的决策和操作效果。在现代兵棋推演中，人机环境系统的构建与应用尤为重要。

在兵棋推演中，人的角色主要体现在决策者、操作员和分析者等方面。决策者负责制定战略与战术，操作员负责执行推演过程中的具体操作，而分析者则对推演结果进行评估与分析。人的认知能力、经验与直觉在复杂的战场环境中起着至关重要的作用。

机器在兵棋推演中主要承担数据处理、模拟计算和结果分析等任务。现代计算机技术的进步使得机器能够处理大量复杂的数据，快速进行战斗场景的模拟。机器的高效性与准确性为决策者提供了科学的依据，帮助其更好地理解战场动态。

环境因素在兵棋推演中同样不可忽视。战场环境包括地理、气候、社会等多种因素，这些因素对战争的进程与结果有着深远的影响。通过对环境的分析，兵棋推演能够更真实地再现战斗情境，为决策者提供全面的参考。

### 1. 人机协同的优势与挑战

人机协同在兵棋推演中具有显著的优势。人的创造力与直觉能够弥补机器在某些复杂情境下的不足。尽管机器在数据处理与模拟计算方面表现出色，但在面对不确定性与复杂性时，人类的经验与判断力依然是不可或缺的。机器的高效性能够提升推演的速度与准确性。通过自动化的数据处理与模拟计算，机器能够在短时间内生成大量的推演结果，帮助决策者快速评估不同的战略选择。这种高效性在快速变化的战场环境中尤为重要。

尽管人机协同在兵棋推演中具有诸多优势，它仍然面临着一些挑战。首先，人与机器之间的沟通与协作可能存在障碍。人类操作员需要对机器的运作原理有充分的理解，以便有效地利用其功能。如果操作员对机器的工作机制缺乏了解，则可能导致推演过程中的误操作或错误理解。

其次，信息过载也是一个重要问题。在复杂的推演过程中，机器可能生成大量的数据与结果，操作员需要从中筛选出有价值的信息。这一过程不仅耗时耗力，还可能导致重要信息的遗漏。

### 2. 人机环境系统智能在兵棋推演中的应用

人机环境系统智能在兵棋推演中的应用主要体现在智能决策支持方面。通过集成数据分析与机器学习技术，系统能够实时分析战场动态，提供决策建议。决策者可以根据系统的反馈，快速调整战略与战术，提高作战效率。自适应推演是人机环境系统智能的另一个重要应用。通过实时监测战场环境与敌我态势，系统能够动态调整推演模型，确保推演结果的准确性与实时性。这种自适应能力使得兵棋推演能够更好地适应复杂多变的战场环境，为决策者提供可靠的支持。人机环境系统智能还可以用于部队的训练与演练。通过虚拟环境与模拟技术，部队指挥员可以在安全的环境中进行战术演练，提升实战能力。系统能够根据演练过程中的表现提供实时反馈与评估，帮助指挥员识别不足之处并改进。

人机环境系统智能在兵棋推演中的应用前景广阔。未来，随着人工智能、虚拟现实等技术的不断发展，兵棋推演将变得更加智能化与自动化，系统将能够更好地理解人类的需求与决策逻辑，实现更加自然的人机交互。此外，数据的整合与共享将成为未来发展的重要方向。通过建立统一的数据平台，各军种之间能够实现信息的共享与交流，提升整体作战能力。人机环境系统智能将在这一过程中发挥重要作用，为决策者提供全面、精准的支持。人机环境系统智能在兵棋推演中的应用将不断深化，其发展将为现代战争的决策与执行提供新的思路与方法。通过有效的人机协同，兵棋推演能更好地适应复杂多变的战场环境，为军事决策提供科学依据。

## 3. 兵棋推演中的诡、诈、算、胆与善

在兵棋推演的过程中，诡、诈、算、胆与善是影响战争结果的重要元素。这五个元素不仅在历史上影响了许多战争的进程，也为现代军事决策提供了深刻的启示。理解这些元素在兵棋推演中的应用，能够帮助指挥员更好地制定战略与战术，提高作战效率。

### 3.1 诡：利用不对称优势

兵者，诡道也，即通过欺骗和迷惑对手，制造虚假情报或误导敌人，从而赢得战术优势。诡计的特征在于其隐蔽性和不可预测性，能够有效地打乱敌方的判断与计划。在兵棋推演中，运用诡计可以模拟出各种出其不意的战术选择，帮助指挥员理解如何在复杂战场中取得优势。兵棋推演可以通过设置虚假目标、制造假信号等手段来模拟诡计的使用。例如，在推演中，

可以设计一个虚假的进攻方向，诱使敌方部队调动力量，而在实际进攻时选择另一条路线。这种战术不仅能够有效地分散敌方的注意力，还能够在关键时刻取得出其不意的胜利。在第二次世界大战期间，盟军在1944年诺曼底登陆前，实施了一系列诡计来迷惑德军。他们通过虚假的情报和大规模的伪装行动，制造了一个虚假的登陆点（如加莱地区）。这使得德军将防御重点放在了错误的位置，从而成功地保证了诺曼底登陆作战的成功。

### 3.2　诈：信息战与心理战

兵不厌诈。利用虚张声势或策略性威慑让敌人误判形势，从而使敌人做出有利于己方的决策。“诈”指的是通过欺骗手段来误导敌人，使其做出错误判断。在现代战争中，信息战与心理战的概念越发重要。通过操控信息，指挥员能够影响敌方的决策，进而实现战略目标。在兵棋推演中，运用诈的策略可以帮助指挥员更好地理解信息的不对称性及其对战争结果的影响。指挥员可以利用假情报或虚假信号来迷惑敌人，如设计一个假装撤退的情境，诱使敌方追击，从而在敌方放松警惕时进行反击。这种策略不仅能够有效地消耗敌方的资源，还能够在心理上造成敌方的恐慌与混乱。在第二次世界大战中，盟军就经常使用虚张声势的策略，在诺曼底登陆前，盟军故意在英国东南部举行大规模的军演，显示出即将从这里发起登陆。通过这种方式，他们成功地误导了德军，使其将主要防线设在错误的位置。

### 3.3 算：科学决策与精确计算

多算胜，少算不胜。精确分析敌方动向和战场环境，通过数据分析和预测制订优化的作战方案。这包括情报收集、战场模拟和资源分配等。在军事智能中，“算”可以涵盖计算与算计两个方面：第一，计算，指利用数据分析、算法和模型来优化战术和战略决策。例如，运用大数据分析敌方的行动模式，预测潜在威胁，或通过模拟战场环境来制订有效的作战计划。这种计算能帮助军方提高决策的准确性和效率。第二，算计，指策略性地评估敌方的弱点、制订行动计划、合理调用资源，即通过精密的策划和战略部署，设法利用敌方的弱点或误判来获得优势。“算”强调的是通过科学的方法与数据分析来进行决策。在兵棋推演中，数据的收集与分析至关重要。通过对历史战例的分析、对战场环境的评估，指挥员能够制定出更加科学合理的战略与战术。在兵棋推演中，利用模型与算法进行战斗模拟是常见的做法。通过建立数学模型，研究者可以预测不同战术选择的结果，例如通过模拟不同兵力配置与战斗方式，评估其对战斗结果的影响。这种科学决策的方式能够有效降低决策失误的风险，提高作战效率。

### 3.4 胆：勇气与决策的果断

有胆有识，有勇有谋。“胆”代表着在关键时刻的勇气和果断。军事行动往往伴随着风险和不确定性，指挥员需要具备以下品质：第一，果断决策。在面对复杂和危险的局面时，能够迅速做出决策，不因恐惧而犹豫不决。第二，承担责任。勇于承担决策带来的后果，无论是成功还是失败，都能够坦然面对，并从中吸取教训。第三，激励士气。通过个人的勇气和决断，激励部队士气，使士兵在战斗中更加坚定和勇敢。总之，在关键时刻做出果断决策，勇敢实施高风险的策略，可能会导致颠覆性的战果。在兵棋推演中，胆不仅在于决策的果断，还在于对风险的评估与控制。通过设置高风险、高回报的情境，指挥员可以锻炼胆略，例如可以设计一个需要快速决策的突发事件，要求指挥员在有限时间内做出反应。这种训练能够提高指挥员的应变能力与决策水平，使其在真实战场中更加果断。

## 3.5　善：道德与伦理的考量

上善若水，“善”是军事智能的最高境界，强调通过智慧和策略达到不战而屈人之兵的理想状态。这一境界包括智慧与柔性，即善于运用智慧，以柔克刚，通过非对抗的方式解决冲突，实现和平与稳定。具体而言，就是在战略层面上，通过合理的布局和资源配置，达到以最小的代价获取最大的利益；在国际关系中，倡导通过合作与对话解决争端，追求共赢的局面，体现出军事智能的高尚价值。中国传统的经典军事思想不是简单的你死我活式的零和博弈，而是强调在军事决策中对道德与伦理的“善”的考量。在现代战争中，指挥员不仅要考虑战术与战略的有效性，还要关注战争对人道与伦理的影响。在兵棋推演中，善的元素能够帮助指挥员更全面地理解战争的复杂性。可以设置有关人道主义问题的情境，要求指挥员在制定战略时考虑平民的安全与福祉。例如，在推演中模拟一个需要保护平民、优待俘虏的战斗场景，指挥员需要在完成军事目标与保护平民之间进行权衡。这种训练能够增强指挥员对战争伦理的认识，提高其在复杂局势下的道德判断能力。

在兵棋推演中，诡、诈、算、胆与善五个元素相辅相成，共同影响着战争的进程与结果。通过对这些元素的深入理解与应用，指挥员能够在复杂多变的战场环境中做出更为科学、合理的决策。未来，随着技术的不断进步，兵棋推演将更加注重这些元素的综合应用，为现代战争的决策与执行提供更全面的支持。

## 四、兵棋推演的未来

作为一种重要的军事决策支持工具，兵棋推演正面临着技术革新和战争形态变化的双重挑战与机遇。未来的兵棋推演将变得更加智能化、自动化，并且能够适应新型战争环境。以下将从几个方面探讨兵棋推演的未来发展方向。

技术进步是推动兵棋推演发展的关键因素之一。计算机技术、人工智能、大数据分析等新兴技术的应用，极大地提升了兵棋推演的能力与效率。计算机技术的发展，使得兵棋推演能够处理更为复杂的模型与算法。传统的手动推演方式效率低下，难以应对现代战争的复杂性。计算机模拟能够快速计算出不同策略的结果，帮助指挥员在短时间内做出决策。人工智能的引入为兵棋推演带来了新的可能性。通过机器学习与深度学习，人工智能能够从历史数据中学习，识别出潜在的战斗模式与趋势。这一能力不仅提高了推演的准确性，还能在复杂的战场环境中提供实时的决策支持。大数据分析的应用，使得兵棋推演能够整合不同来源的信息，包括卫星图像、传感器数据、社交媒体信息等。这种信息的整合能帮助指挥员更全面地理解战场态势，做出更精准的决策。

兵棋推演在军事战略中的应用，体现了其在现代战争中的重要性。通过模拟不同的战斗场景，兵棋推演能够帮助军事指挥员评估各种战略选择的有效性。首先，在战略规划阶段，兵棋推演可以用于评估不同军事行动的潜在效果。指挥员可以通过模拟不同的进攻与防御策略，分析在给定条件下的胜算。这种模拟不仅考虑了敌方的反应，还能够评估自身部队的能力与资源配置。其次，战术层面的应用同样重要。在战斗进行过程中，兵棋推演可以实时分析战场态势，帮助指挥员调整战术。这种灵活性对于应对快速变化的战场环境至关重要，能够提高作战的成功率。最后，兵棋推演还可以用于后勤支持与资源管理。通过模拟不同的后勤方案，指挥员能够评估各类资源的配置与使用效率，确保在战斗中具备充足的物资支持。随着国际安全形势的复杂化，各国对兵棋推演的需求将持续增长。兵棋推演不仅可以用于军事领域，还可以拓展到其他领域，如灾害管理、城市规划等，助力各类决策过程。

尽管兵棋推演在军事领域的应用前景广阔，其在发展过程中仍面临诸多挑战。技术的快速进步带来了新的复杂性，如何有效整合与应用这些技术，是未来兵棋推演需要解决的关键问题。数据安全与隐私问题同样不容忽视。随着大数据与人工智能的广泛应用，如何保护敏感信息与数据安全，成为兵棋推演必须面对的挑战。确保数据的安全性与合规性，对于提升兵棋推演的可信度至关重要。此外，兵棋推演的教育与培训问题也亟待解决。随着技术的不断更新，军事人员需要不断学习与适应新的推演工具与方法。建立系统的培训机制、提高军事人员的技术素养，将有助于提升兵棋推演的整体水平。

兵棋推演作为一种重要的军事决策工具，正面临着技术进步与应用扩展的双重机遇。通过有效整合新兴技术，提升推演的准确性与效率，兵棋推演将为未来的军事战略提供更为科学的支持。同时，面对挑战，解决数据安全、教育培训等问题，将有助于兵棋推演的持续发展与应用。未来，兵棋推演将不仅限于军事领域，其潜在应用将为各类决策提供新的视角与支持。

# 第四章
# 限之有方——军事智能能够具有可解释性吗？

在军事智能领域，人工智能的应用正以前所未有的速度改变着战场的面貌，但随之而来的“智能黑盒”问题却让许多人对这些先进技术的实际应用感到困惑和担忧。如何让军事智能变得透明、可信，成为摆在我们面前的一大挑战。本章将深入探讨这一话题，揭示能否让军事智能从神秘的“黑盒”变为透明的“玻璃盒”，让每一位指挥员都能洞察智能决策的背后逻辑，确保在战场上的每一步都坚实而可靠。

## 一、可解释性军事智能破解智能黑盒谜团

军事智能黑盒问题是指在高度自动化和智能化的军事系统中，由于系统的复杂性，操作人员难以理解系统的内部决策过程和运作机制。这种不透明性有时会导致严重的事故和后果。

2017 年 8 月，美国海军“约翰·麦凯恩”号驱逐舰在新加坡海域发生的撞船事件就是一个典型的例子。

在这起事件中，“约翰·麦凯恩”号驱逐舰启用了自动化导航系统，以实现更高效和更精确的航行。然而，由于系统出现故障，驱逐舰与一艘商船相撞，造成 10 名海军士兵丧生的悲剧。调查结果显示，操作员虽然意识到系统出现问题，但由于缺乏对系统内部运作的理解，无法及时采取有效措施来避免事故。这起事件凸显了军事智能黑盒问题的严重性。在高度自动化的军事系统中，操作人员通常依赖智能系统的决策和行动，但这些系统往往缺乏足够的透明度，使得操作人员难以理解其行为和决策逻辑。当系统出现问题时，操作人员可能无法及时识别问题的根源，也无法采取适当的干预措施，从而导致严重的后果。

随着人工智能技术的快速发展，其在军事领域的应用也日益增多。智能系统在提高作战效率、决策速度和精度方面发挥着重要作用。然而，这些系统往往存在“黑盒”问题，即决策过程复杂且不透明，使得人类操作者难以理解其内部工作机制。这一问题在军事领域尤为重要，因为军事决策关系到生死存亡，必须保证决策的准确性和可靠性。

在传统的军事决策中，人们通常会使用基于规则的系统来进行决策，这些系统的决策过程是可解释的。然而，随着机器学习技术的发展，越来越多的决策过程被转化为由机器学习算法实现的黑盒系统。这些系统可以处理大量的数据，并从中学习规律和模式，但它们的决策过程是难以理解的。这意味着当决策出现问题时，我们很难定位产生问题的原因，更难以采取措施来纠正问题。在军事智能系统的实际应用中，深度学习模型因其强大的数据处理能力和对复杂数据类型的分析识别能力而被广泛采用。这些模型能够从图像、声音和文本中提取特征，进行模式识别，并在此基础上生成决策建议，极大地提升军事行动的效率和准确性。然而，深度学习模型也存在一个显著的挑战，即可解释性问题。这意味着即使是设计者也可能难以理解模型是如何得出特定决策的，因为它涉及模型内部数以百万计的参数和复杂的层次结构。

为了解决这一问题，可解释性军事智能（explainable military AI，XMAI）正成为军事界和科学界的热门话题。可解释性是指人工智能系统以人类可理解的方式解释其决策过程的能力。这种能力对于军事智能系统至关重要，因为它不仅有助于建立用户对系统的信任，还能在系统出现错误时提供诊断和纠正的途径。可解释性人工智能旨在提高智能系统的可解释性和透明度，使其能够向人类解释其决策的过程和依据。在军事领域，可解释性人工智能可以帮助指挥员了解智能系统的决策过程和依据，从而更好地利用智能系统的优势。科学家们开始研究如何开发可解释性军事智能系统。这些系统不仅可以进行决策，还能够解释它们的决策过程。这意味着我们可以理解系统如何做出决策，并从中学习到更多的知识和经验。在军事应用中，这一技术可以帮助指挥员更好地了解决策结果，并做出更好的决策。可解释性军事智能在提高战场决策的透明度和可理解性方面发挥着重要作用。目前，这种智能已经在多个军事领域得到应用，特别是在战术决策方面。例如，研究人员已经成功地将可解释性机器学习算法应用于炮兵火力预测和打击效果评估。在这些应用中，可解释性机器学习算法能够处理和分析大量的战场数据，包括敌我双方的位置、地形地貌、天气状况和历史战斗数据。通过对这些数据的深入分析，算法能够预测敌人的可能位置和行动，并根据这些预测给出最佳的火力打击方案。

例如，开发可视化工具来展示模型是如何响应输入数据的特定特征的，或者使用注意力机制来突出模型在做出决策时关注的重点区域。此外，还有研究者在尝试构建更加可解释的模型架构，如基于规则的系统或者决策树，虽然这些模型的复杂性和预测能力可能不如深度学习模型，但它们提供了更加清晰的决策逻辑。为了实现可解释性人工智能，研究人员提出了许多方法和技术。其中，最常用的方法是对模型进行可视化和解释。通过可视化，人类可以直观地了解模型的输入、输出和中间过程。通过解释，人类可以理解模型的决策依据和过程，从而更好地理解其输出结果。

重要的是，这些算法不仅能够提供决策建议，还能够解释它们的决策过程。这种可解释性使得指挥员和作战人员能够更好地理解算法的输出结果，从而提高对算法的信任度。在战场上，这种信任对于确保决策的及时性和准确性至关重要。通过可解释性机器学习算法，指挥员可以深入理解算法是如何从原始数据中提取特征、识别模式和生成决策结果的。这种深入的理解有助于指挥员在复杂多变的战场环境中做出更加明智和有效的决策。可解释性军事智能在战术决策中的应用，不仅提高了决策的效率和准确性，还提高了决策的透明度、增强了其可追溯性。随着技术的不断进步，我们可以期待未来可解释性军事智能在更多领域得到应用，为军事行动提供更加强大的支持。

我们相信，随着人工智能技术的不断研究和应用，我们能够更好地解决智能黑盒问题，让人工智能在军事领域的应用更加透明、可靠。通过提高人工智能系统的可解释性，我们将能够更好地理解和控制人工智能的行为，使得人工智能成为人类决策者的得力助手，共同守护和平，应对各种安全挑战。在这样的未来，人机共存、互相协作的军事智能化将不再是遥不可及的梦想。

## 二、可解释性军事智能如何提高决策的透明度?

在军事领域，决策的透明度和可解释性如同作战行动中的灯塔，为指挥员们指引方向，确保每一步行动都在明确的视野下进行。随着人工智能技术的飞速发展和在军事领域的广泛应用，这位由代码和算法构成的“无声战士”已经成为战场上不可或缺的一员。前面谈到，传统的人工智能系统往往如同一个神秘的黑盒，其内部的工作原理和决策过程复杂而难以捉摸。而 XMAI 技术如同为这个黑盒打开了一扇窗户，让决策者能够清晰地看到内部的决策逻辑和过程。通过模型简化、特征重要性分析和可视化工具等技术，XMAI 能够将人工智能的决策过程转化为人类可以理解和预测的形式。这样，决策者不仅能够获得高效的智能决策支持，还能够深入理解人工智能系统的工作原理，从而建立起对人工智能系统的信任。

在实际的军事应用中，XMAI 技术可以帮助指挥员更好地理解人工智能系统为何提出特定的建议或执行特定的行动。例如，在目标识别任务中，XMAI 可以生成一张热图，显示人工智能在做出决策时关注的关键区域。这样，指挥员可以立即理解人工智能的判断依据，并做出相应的决策。这种决策的透明度不仅增强了指挥员对人工智能系统的信任，还提高了整个作战团队的一致性和协调性，从而提高了作战效能。

在现代战争中，无人机和侦察卫星等装备收集了大量的图像和视频数据。为了有效地分析这些数据，军事组织通常依赖人工智能系统来识别潜在的目标和威胁。然而，传统的人工智能系统是否可靠呢？为了提高决策的透明度，某军事组织开发了一个基于 XMAI 的目标识别系统。这个系统不仅能够自动识别和分类图像中的目标，还能够提供清晰的解释，说明为什么人工智能会做出特定的判断。该系统采用了先进的算法，如注意力机制和梯度加权类激活映射（Grad-CAM），这些算法能够突出显示图像中人工智能用于做出决策的关键区域。例如，当系统识别出一架敌机时，它会生成一张热图，显示哪些像素点对识别结果有最大的贡献。在一次实际的任务中，无人机收集了某地区的图像数据，人工智能系统在分析图像时发现了一处异常活动。系统不仅标记出了潜在的目标，还生成了一张热图，显示了一辆隐藏在树林中的车辆。指挥员和分析师通过查看热图，立即理解了人工智能的判断依据，并迅速做出了决策，派遣地面部队进行进一步的侦察。

在军事智能领域，XMAI 对于提高决策透明度具有重要意义。军事决策往往关乎生死存亡，因此决策的合理性和透明度至关重要。XMAI 可以帮助军方理解人工智能系统如何对战场情况进行分析，并做出相应的决策建议。这就好比在一次紧张的军事行动中，指挥员需要做出一个关键的决策。他依赖的是一个神秘的黑盒，这个黑盒突然说："攻击这个目标!"指挥员会感到困惑和不安，因为他不知道这个决策背后的原因。但如果他有一位透明的顾问，这位顾问会说："根据我们的情报和先前的战斗经验，攻击这个目标将给我们带来最大的战略优势。"这时，指挥员会感到安心和自信，因为他理解了决策的依据。

目前，各领域对人工智能的理解与界定因领域分殊而有所不同，但在共性技术和基础研究方面存在共识。人工智能的发展就像是一位战士的成长过程，从基本技能的学习，到战场交互的适应，再到最终具备高级的认知和思维能力。第一阶段人工智能旨在实现问题求解，通过机器定理证明、专家系统等开展逻辑推理；第二阶段实现环境交互，从运行的环境中获取信息并对环境施加影响；第三阶段迈向认知和思维能力，通过数据挖掘系统和各类算法发现新的知识。

在军事智能的战场上，XMAI 就像是一位细心的情报分析师，它不仅能够提供决策建议，还能够详细解释这些建议背后的思考过程。在一次军事行动中，指挥员面对大量的情报数据，需要做出快速而准确的决策。这时，XMAI 系统生成了一份详细的决策报告，就像一份详尽的情报分析报告。报告中不仅包含是根据哪些情报数据做出的分析，还揭示了系统采用哪些特征或模式来预测特定行为，以及在预测过程中使用了哪些数据点。

这些解释让决策者能够更清楚地了解系统为何做出特定的决策建议，就像通过情报分析师的解释，指挥员能够理解为何预测敌军会采取某种行动。这种深入的理解有助于决策者更好地评估建议的可信度和合理性，从而做出更加明智的决策。通过这种可解释性人工智能技术，军方能够更好地理解自主决策系统的运行方式，就像了解情报分析师的工作原理和思考过程。这种透明性增强了军方对自主决策系统的信任。

XMAI 技术的应用不仅提高了决策的透明度和可信度，还帮助决策者更有效地利用人工智能技术支持军事行动。它就像是给指挥员提供了一副透视眼镜，让他们能够深入洞察自主决策系统的内部运作，从而更有把握地制定战术和战略决策。通过 XMAI 技术，军事智能化的发展将更加稳健可靠，为维护国家安全和利益提供更加有力的支持。

## 三、可解释性军事智能如何保障军事决策的可靠性?

在军事行动中，每一个决策都关乎着战争的胜负和士兵的生命。因此，决策的可靠性是至关重要的因素。这意味着决策必须基于可靠的数据和逻辑推理，而不是主观臆断或模糊不清的判断。可解释性人工智能正是实现这一目标的关键。它能够从海量的数据中筛选出关键信息，并通过清晰的逻辑推理提供决策支持。它就像是指挥员的得力助手，为其提供精准的情报分析，使其能够做出明智的决策。

举例来说，在军事训练中，准确和可靠的决策对于士兵的技能提升和生命安全至关重要。然而，传统的训练方法往往依赖于教官的个人经验和直觉，这可能导致训练效果的不一致和安全隐患。为了提高训练的可靠性和效率，某军事基地决定引入一个基于 XMAI 的训练辅助系统，该系统能够实时分析士兵的训练数据，如射击精度、体能状况和战术执行情况等。通过这些数据，系统能够生成详细的训练报告，包括训练中的优势和不足之处，以及改进建议。

这种可解释性让军方决策者能够深入理解系统为何做出特定的决策建议，并更好地评估建议的可信度和合理性，从而提高军方对自主决策系统的信任度。

在实际应用中，XMAI 可以提高军事决策的可靠性，为军事行动提供可靠的决策支持。随着技术的不断进步和应用的深化，XMAI 将持续为军事领域带来更多的创新和发展，保障军事决策的可靠性。随着技术的不断进步，例如深度学习、强化学习等高级人工智能技术的应用，XMAI 也在不断发展。这些技术能够处理更复杂的任务，并提供更深入的见解，使得军事智能系统不仅能提供决策建议，还能解释其建议背后的逻辑和推理过程。这对于军事训练、模拟和实时作战都至关重要。随着人工智能在军事领域的应用不断深化，XMAI 的发展也在推动着军事伦理和法规的完善。透明度和可问责性是现代军事行动不可或缺的部分，尤其是在致命性自主武器系统（LAWS）等敏感领域。XMAI 的应用有助于确保军事人工智能系统的使用符合国际法和道德标准，从而在保护士兵的同时减少不必要的风险和误解。

XMAI 技术在军事决策中的应用为提高决策的可靠性提供了强有力的支持。随着技术的不断进步和应用的深化，XMAI 技术将继续为军事领域带来更多的创新和发展，为维护国家安全和利益提供更加有力的支持。XMAI 技术在军事领域的应用前景广阔。它不仅能够提高军事决策的可靠性和效率，还能促进人工智能与人类决策者的有效协作，确保军事行动的合法性和道德性。随着技术的不断进步和应用场景的不断增加，未来 XMAI 技术将在军事领域发挥更加重要的作用。

# 第五章
# 判断有据——智能决策是事实还是欺骗?

事实与价值，如同硬币的两面，有时合二为一，有时又各自独立。在军事智能的思想探索和实践中，这两者始终交织在一起，形成了复杂而微妙的关系。本章将深入探讨这一热门话题，揭示事实与价值之间的相互作用与影响。让我们一起踏上这场思维之旅，探索在追求智能的道路上，如何平衡事实与价值，找到二者和谐共处的最佳路径。

## 一、事实与价值，分分合合

在 AI 战争中，机器智能与人类决策者的作用常常互补，AI 在处理事实性数据分析上有着明显的优势，而人类则擅长进行价值性分析判断。这种分工能够让技术与人类的智慧在战争中形成协同作用，从而在一定程度上提高战争决策的效率和精准度。

AI 在处理事实性数据方面拥有显著优势，尤其擅长处理大规模、复杂、动态变化的数据。在战场上，传感器、卫星、无人机等设备不断收集来自各个方面的数据，AI 能够快速分析这些数据，找出潜在的威胁或机会。这种处理速度远远超过人类。AI 还能识别出数据中的隐性模式或趋势，帮助决策者迅速了解战场的动态。如通过机器学习算法，AI 可以识别敌方的行动模式、预测敌军的进攻路径，甚至推算出敌方的资源部署情况，这些分析能帮助指挥员做出更加精准的决策。AI 还能够根据实时数据分析结果来优化资源配置，如兵力调度、后勤支持等，这种实时调整有助于在战场上实现资源的最大化利用，减少冗余和浪费。AI 基于数据做出判断，不会受到情绪、疲劳等因素的影响，因此它在执行任务时更加稳定和客观；在需要快速反应的情况下，AI 系统可以根据大量历史数据和即时信息做出最优选择，避免人为判断失误导致的灾难性后果。

虽然 AI 在数据处理上有强大的能力，但价值性分析往往需要考虑更多的人类因素，如伦理、道德、情感和社会影响等。战争决策不仅仅是一个技术性问题，还涉及深刻的伦理和道德考量，比如在执行打击任务时，是否会对无辜平民造成伤害。AI 可能难以理解人类情感中最微妙的部分，而这恰恰是人类能够做出判断的地方。人类具备高度的灵活性，能够根据不断变化的情况进行调整。指挥员在面临伦理决策时，能够考虑战争的合法性、可持续性以及对长远和平的影响。比如，AI 可能会在给定的框架内做出“最优”选择，而人类指挥员能够基于战场的实时反馈、政治局势或战术变化调整策略，这种灵活性和应变能力是 AI 难以复制的。除了传统的军事战略，人类的决策还必须考虑政治、社会、文化等复杂因素。在进行军事行动时，领导者可能需要考虑盟友的反应、民众的情绪以及国际舆论的影响，这些因素往往超出了 AI 的能力范围，因为它们涉及的不是单纯的数据或模式，而是深刻的社会与人文维度。在人类社会中，战争不仅仅是赢或输的问题，还涉及战争带来的长期影响，例如难民问题、后期的恢复工作、国际关系的改变等，人类能够对这些复杂的影响做出更加细致的评估和权衡，而 AI 通常是依据算法和目标来执行任务，可能忽略了长远的政治、经济或社会影响。

AI 和人类决策者的关系不是替代，而是协作。在战争中，AI 能够提供事实性数据分析和高效的决策支持，而人类则在价值性判断和综合决策方面发挥主导作用。AI 可以帮助指挥员从大量数据中筛选出最重要的信息，支持决策的制定；AI 还可以实时分析敌方的行动轨迹，并推荐最有效的打击时机或策略。而人类指挥员则可以基于这些数据和建议做出综合性的决策，权衡道德、伦理、政治等多方面的因素。人类的经验和判断力，尤其是在处理不可预测或复杂的战场情境时，仍然具有不可替代的作用。虽然 AI 能处理大量信息，但其决策过程常常是一个“黑箱”，人类很难完全理解其决策的依据。在战争中，这种不可知性可能带来风险，特别是在关键时刻，AI 可能做出无法预测或解释的决策，这时人类的经验和判断就显得尤为重要。人类能够对 AI 的决策结果进行审视和调整，确保最终决策符合伦理、法律和战略目标。

以色列军队在战争中过度依赖如“福音”和“薰衣草”等 AI 系统进行决策的问题，就引发了广泛的争议。这些 AI 系统在军事中的应用往往能够提升作战效率和精准度，但同时带来了复杂的道德、法律和社会问题。以色列的“福音”AI 系统（后简称“福音”，利用数据和算法提供加沙地带地道、火箭炮等军事目标的坐标）、“薰衣草”机器学习系统（后简称“薰衣草”，用来“计算”一名巴勒斯坦人是武装人员的概率），能够在少量人类干预（甚至没有人类干预）的情况下进行目标识别、决策（是否攻击）。

以色列等国家在战争中使用的 AI 系统，通常被设计为决策支持系统，以提高战斗的效率、速度和精准度。例如，“福音”能帮助指挥员在瞬间分析大量战场数据，自动识别敌方目标、优化资源配置，并提出实时战术建议。这些技术优势显然能够提升作战的效率。然而，它并非完美无缺，其实际操作过程中存在技术瓶颈和失误的可能，尤其是在复杂和不确定的战争环境中。例如，“福音”和“薰衣草”可能会将一个非敌对目标误判为敌人，导致不必要的攻击。“福音”和“薰衣草”是基于深度学习和其他复杂算法的，这使得其决策过程难以完全理解和追踪。如果其做出了错误的决定，难以确定其原因，也难以追究责任。尤其是在战斗中，错误的决策可能导致重大后果，比如误伤平民或友军。另外，这两个 AI 系统不仅受到自身技术的局限，还可能受到敌方的网络攻击或干扰。敌方可能通过技术手段扰乱系统的运作，或通过虚假数据诱骗 AI 系统做出错误的决策，从而导致战略失误。

“福音”和“薰衣草”在军事中的使用引发了关于是否应允许机器在战争中做出生死决策的伦理讨论。自动化武器和 AI 决策系统的广泛使用可能改变人类在战争中的道德和伦理立场。当 AI 系统做出决策，尤其是涉及生命和死亡的决策时，责任归属变得模糊。如果 AI 做出了错误的判断或不道德的决策（例如误杀无辜平民），应该由谁来承担责任？是 AI 的设计者、使用者，还是 AI 本身？这一问题至今没有明确的国际法解决方案。因此，如何平衡 AI 技术的事实与价值、军事优势与其潜在的伦理风险，是未来国际社会必须面对的挑战。

## 二、我们看到的是事实还是欺骗？

在现代战争中，信息和情报的价值越发凸显。然而，这些信息的真实性、可信度和准确性常常是军事决策中最为关键和复杂的问题之一。从军事智能的角度来看，我们所看到的信息究竟是客观事实还是精心策划的欺骗呢？

一个相关的案例涉及第二次世界大战期间盟军在诺曼底登陆前夕对德国进行的情报欺骗，即“诺曼底登陆假装”。为了迷惑德军，盟军采取了多种欺骗手段，通过传播虚假情报和采取假装行动来误导德军。其中最著名的是盟军成功地制造了一次虚假的军事行动，使得德军相信诺曼底不是盟军实施登陆的主要目标。为了达成这一目的，盟军采取了多种欺骗措施，例如伪装军队集结、虚构假装的指挥员、散播错误信息等。其中最著名的虚假军事行动叫“坚韧行动”，这次行动包括使用橡胶制成的假坦克和飞机，以及通过无线电通信模拟大规模军队的集结，从而让德军误以为盟军将在加莱地区发动主要进攻。这些欺骗手段让德军误以为诺曼底只是盟军主要进攻的伪装点，真正的登陆地点在其他地方。盟军成功地迷惑了德军，使其在诺曼底登陆时错失了对盟军的有效防御。这个案例展示了信息欺骗在战争中的重要性，以及如何利用虚假情报来影响敌方的军事判断和行动。这种信息欺骗对战争结果产生了重大影响，凸显了信息的真实性在军事决策中的关键性。

在军事情报的海洋中，信息照亮了决策者和行动者前行的道路，指引他们避开暗礁，驶向正确的方向。信息的准确性和真实性是确保正确决策和行动的基础。如果信息被迷雾或虚假的闪光所笼罩，决策者和行动者可能会受到误导，导致错误的判断和行动。这种误导可能会导致军事行动失败，甚至可能会招致未知的危险，引起灾难性的后果，危及整个国家的安全。

在情报的棋盘上，欺骗是敌人常用的策略。他们可能会散布虚假的信息，像海上的迷雾一样，迷惑我们的视线，让我们无法看清真相；他们可能会干扰我们的情报收集，像水下的暗流一样，悄悄地扭曲我们的判断；他们可能会隐藏自己的真实意图，像深海中的暗礁一样，静静地等待我们犯错。这些都是情报工作中常见的欺骗手段，如同敌人精心布置的陷阱，等待我们不慎踏入。为了解决这些问题，军事智能领域采用了多种方法和技术来验证和确保信息的真实性。信息源的验证、数据的交叉比对、情报的多源融合等技术被广泛应用。这些技术旨在从不同角度和多个来源获取信息，从而进行验证和交叉核实，提高信息的可信度。

这些技术还能够帮助识别和防范虚假情报。通过学习历史案例中的线索和模式，人工智能和机器学习模型能够识别出那些可能的虚假情报，从而在信息的迷雾中找到真实的道路。例如，通过分析过去的情报欺诈案例，这些模型可以学习敌方欺骗的常见模式，并在未来的情报分析中识别出这些模式。尽管人工智能和机器学习技术在军事情报分析中具有巨大的潜力，它们并不是万能的。这些技术依赖高质量的数据和正确的算法设计。如果数据不准确或不完整，或者算法设计存在偏差，那么分析结果可能会产生误导。因此，军事智能分析师需要与人工智能和机器学习技术紧密合作，确保这些技术的有效性和可靠性。通过这种方式，人工智能和机器学习技术可以帮助军事分析师在情报世界的侦探游戏中取得优势，确保国家安全。

尽管我们拥有强大的技术助手，如人工智能和机器学习技术，但这些技术并不能完全摆脱欺骗和虚假信息的纠缠。它们虽然能够帮助我们分析大量数据，识别模式和异常，但仍然依赖输入的数据质量，并且可能受到算法偏见的影响。因此，我们需要更多的智慧、创新和深入的分析来应对信息欺骗的挑战。在现代战争中，信息战成了决定胜负的关键。敌对势力通过制造和传播虚假信息，试图破坏我方的决策和行动。因此，军事智能的发展必须不断创新，以应对信息真实性的挑战。我们需要开发新的技术和方法，提高对虚假信息的识别和防范能力。同时，我们也需要加强对敌方欺骗手段的了解，提前做好应对准备。

总之，信息真实性的挑战是军事智能领域面临的一个重要问题。我们需要更多的智慧、创新和深入的分析来应对这一挑战，确保我们的决策和行动建立在坚实可靠的基础上。通过不断推动军事智能的发展，我们可以在信息战中取得优势，保护国家安全。在军事智能的棋盘上，每一条信息都可能是一颗真假难辨的棋子，既是事实的基石，也是欺骗的诡计。要揭开这些信息的真实面纱，需要将技术手段和人类判断的力量紧密结合，既要依靠科技手段分析线索，也要依靠侦探的直觉和经验判断真伪。只有通过不断的科技创新和深入的综合分析，我们才能在信息战中占据先机，更好地应对挑战，确保每一条信息的真实性和可信度。

## 三、人工智能懂不懂价值性判断?

在人类社会中，价值性判断如同灯塔，指引着我们前行的方向。它不仅是决策的基础，更是我们行动的指南针。价值性判断的重要性不言而喻。它关乎我们的道德、伦理、信仰和追求，是塑造我们行为和决策的关键因素。在人类社会中，价值性判断使我们能够区分善恶、对错，从而在复杂的世界中找到自己的定位。在军事领域，价值性判断同样起着至关重要的作用，它影响着指挥员的决策，关系到战争的胜负。然而，在人工智能时代，这个领域却充满了争议和挑战。人工智能能否像人类一样进行价值性判断，这是一个引人深思的问题。

一个真实案例是由麻省理工学院的研究者开发的名为“道德机器”（Moral Machine）的在线实验。这个实验旨在探索人工智能如何做出道德判断。参与者需要回答一系列与自动驾驶汽车相关的道德问题，例如在紧急情况下该如何做出选择，如撞击行人或保护乘客。该实验从 2016 年开始进行，累计收集了来自世界各地的超过 400 万次回答。通过收集这些数据，研究者们试图开发出一种算法，能够让自动驾驶汽车在面临不同道德决策时，做出被大多数人认可的决策。例如，在需要做出“救行人还是救乘客”的决策时，算法会优先考虑救行人的方案，因为大多数参与者都认为这是更符合道德的选择。然而，这种基于多数人价值观的算法也引发了一些争议。有人认为，这样的算法忽略了少数群体的权益和价值观，容易导致一些不公平的结果。

在军事智能领域，类似的道德决策问题同样存在。例如，在军事行动中，指挥员可能面临选择保护士兵还是平民的困境。人工智能在处理这些问题时，需要考虑各种道德和伦理因素，以及可能的后果。因此，研究者们试图开发出一种算法，能够在面临道德决策时，做出被大多数人认可的决策。然而，这种基于多数人价值观的算法也引发了与上文类似的争议。例如，在一些文化背景下，人们可能更重视保护士兵而不是平民，或者更重视保护年长者而不是年轻人。这些不同的价值观会影响人工智能在军事行动中的道德决策。

随着人工智能技术的不断发展，越来越多的人开始关注人工智能是否具备价值性判断能力。在很多领域，人工智能已经被广泛应用，比如自动驾驶、金融风控、医疗诊断等。但在一些需要进行价值性判断的领域，人工智能能否胜任仍然是个问题。人工智能懂价值性判断吗？它能帮助我们，甚至代替我们做价值性判断吗？

人工智能在处理大量数据和进行快速决策方面具有优势，但在进行价值性判断时，其能力仍然有限。人工智能基于算法和数据分析进行决策，而数据本身可能存在偏差和局限性。此外，人工智能缺乏人类的感性认知和经验，难以理解复杂的价值观念和伦理道德。在军事行动中，价值性判断至关重要。例如，在军事战略的制定和执行过程中，需要考虑战争目的、敌方意图、战斗精神等多种价值性因素。人工智能虽然可以提供有关敌军兵力、装备和地形等事实信息，但在进行价值性判断方面，仍需要人类的参与和指导。

由于价值性判断的主观性和复杂性，人工智能在处理这类问题时面临挑战。人工智能通常基于数据和算法进行决策，而数据和算法往往无法完全涵盖伦理、道德和文化等多方面因素。由于不同的人对同一问题可能有不同的看法，甚至在同一个社会中也存在价值观的多样性，这使得人工智能在进行价值性判断时难以达到普遍适用的结果。为了解决这一问题，军事智能领域的研究者们努力提高人工智能在价值性判断方面的能力。一种方法是通过机器学习和深度学习等技术，让人工智能学习和理解人类的价值观和道德规范。通过分析大量的历史数据和案例，人工智能可以逐渐学会如何在不同情境下进行价值性判断。另一种方法是通过人机协作，将人类的伦理、道德和文化知识引入人工智能的决策过程，从而提高其进行价值性判断的准确性和适应性。

人工智能是基于数据和算法进行决策的，这些决策是基于大量历史数据的模式识别和预测。然而，价值性判断并不是基于数据的简单统计，而是基于人类的情感、信仰、文化等多种因素的综合考虑。因此，人工智能很难完全代替人类进行价值性判断。虽然人工智能在许多方面已经有了很大的进步，例如目标识别、战术规划、战场分析等，但是它在价值性判断方面仍然存在较大的局限性。这是因为价值性判断涉及伦理、文化、历史等诸多领域的知识，而这些知识往往是主观的、复杂的、时常存在争议的。因此，人工智能很难在这些领域具备足够的专业知识和价值观念，从而进行正确的价值性判断。在军事智能领域，人工智能的应用已经取得了显著的成果。例如，在目标识别方面，人工智能可以通过分析雷达信号、红外图像等信息，快速准确地识别敌方目标。在战术规划方面，人工智能可以基于敌我双方的兵力、装备、地形等数据，制订出最优的作战方案。在战场分析方面，人工智能可以实时处理大量的战场信息，为指挥员提供准确的战场态势评估。

然而在价值性判断方面，人工智能仍然面临许多挑战。人工智能应用往往需要涉及人权、国际法、人道主义等多个方面的知识和价值观念。例如，在开展打击恐怖主义的行动时，需要权衡行动对恐怖主义组织的打击效果、对当地民众的影响、国际社会的反应等多个方面的因素。这些因素往往存在很强的主观性和争议性，人工智能很难在这些方面具备足够的专业知识和价值观念。

因此，尽管人工智能可以提供强大的数据处理和分析能力，在进行价值性判断时，它仍然需要人类专家的参与和指导。通过人机结合的方式，我们可以充分发挥人工智能的优势，同时确保决策符合伦理、道德和文化的要求。

总之，虽然人工智能在价值性判断方面还存在一定的局限性，但随着技术的不断发展和与人类的协作，我们有望提高人工智能在价值性判断方面的能力，使其更好地服务于军事行动和决策。这将有助于人工智能更好地满足人类社会的需求，并在军事智能领域发挥更大的作用。

# 第六章
# 算计思维——现代战场计算与算计如何双重博弈?

在战争的艺术中，计算与算计始终是胜利的双翼。随着科技的飞速发展，现代战场已经演变成一个庞大的计算平台，每一个决策、每一次行动都离不开精确的计算和深谋远虑的算计。本章将带你领略这场科技与策略的交响乐，揭示如何在数字化的战场上运筹帷幄，如何在算法的较量中决胜千里。

## 一、我们需要“计算”还是“算计”?

第二次世界大战中盟军的“幽灵部队”欺骗德军是一个经典计算与算计结合的案例。1944 年，盟军计划实施诺曼底登陆，但担心德军会在加莱而非诺曼底集结重兵防御。为了进一步迷惑德军，盟军启动了一项名为“保镖行动”（Operation Bodyguard）的大规模心理战计划，其中最著名的分支是“幽灵部队”。盟军虚构了第一集团军的存在，并宣称其驻扎在英国东南部，准备进攻加莱。通过伪造无线电通信、制造假命令文件，甚至让演员冒充军官接受媒体采访，盟军营造出了这支“大军”的真实感。他们还使用充气坦克、假炮台和伪装网，在英国东南部制造大量军事设施的假象；部署“幽灵部队”成员穿着敌军制服，故意被德军俘虏后传递虚假情报，声称盟军计划在加莱登陆；利用飞机在德军控制区投掷伪造的地图和作战计划，标注虚假的兵力部署和进攻路线。结果造成了德军误判与战略崩溃。希特勒误信加莱是主要登陆点，将大量装甲部队和精锐士兵调往该地区，导致诺曼底防线兵力空虚。德军指挥员隆美尔直到诺曼底登陆开始后数小时才意识到真正的攻击方向，错失了关键的防御时机。盟军得以在诺曼底迅速建立滩头阵地，最终开辟了西线战场，加速了纳粹德国的覆灭。在现代战争中，真实的武力对抗往往与虚假信息的博弈并存。虚假信息需通过多种渠道（如电子战、心理战、伪装行动）相互印证，才能提高可信度。即使拥有先进情报系统，敌人也可能因思维定式或信息过滤机制而陷入误判。

这种策略在现代战争中仍然具有启示意义，尤其是在信息时代的背景下，信息战和网络安全成了战争的重要领域。现代军事智能系统在处理信息和情报时，也需要考虑到虚假信息的可能性，以及如何通过判断真实和虚假信息来做出准确的决策。例如，在情报分析中，需要运用各种技术和算法来识别和过滤虚假信息，确保决策者能够获得准确和可靠的情报支持。

我们不禁要思考，人工智能能否完成如此“算计”？尤其是在此举前所未有的情况下。

不可否认，人工智能的“计算”能力无疑是其强大的核心。随着计算机硬件和软件的不断进步，包括处理器速度、存储容量、算法优化等方面，人工智能系统的计算能力得到了极大的提升。这使得它们能够更快地处理大量的数据，实现更精确的模型训练和推理，并且能够处理复杂的任务和场景，从而造就了它们的强大。在军事领域，人工智能的计算能力也发挥着重要的作用。例如，在情报分析方面，人工智能可以快速处理和分析大量的情报数据，帮助军事分析师更好地理解和预测敌方的行动。在作战计划方面，人工智能可以基于大量的历史数据和模拟结果，为指挥员提供更精准的作战建议和预测。在无人机和自动驾驶技术方面，人工智能的计算能力使得无人机能够自主飞行和执行任务，使得自动驾驶车辆能够准确识别道路和障碍物，提高军事行动的效率和安全性。人工智能在军事领域的应用还包括目标识别和跟踪、网络安全、信息战等方面。在目标识别和跟踪方面，通过高速计算能力和精确的算法，人工智能能够快速识别和跟踪敌方目标，提供实时的情报支持。在网络安全方面，人工智能能够及时发现和应对网络攻击，保护军事通信和信息系统。在信息战方面，人工智能能够分析敌方信息传播和行为模式，为制定有效的信息战策略提供支持。

然而，虽然人工智能的决策能力强大，但它通常依赖于过去的数据和既定规则，这就限制了它在面对未知和复杂情况时的应变能力。人工智能缺乏人类的创造性和主观性，这就导致它在处理新领域和未知情况时可能会显得无能为力。另外，人工智能容易受到输入数据的影响，可能会产生偏见，这进一步影响了它的决策质量。我们可以将机器的智能看作一种基于计算的高级技术，而不是人类的“算计”，尤其是在涉及跨学科、跨领域、综合性分析判断方面。

算计是人类不借助机器的跨域多源异构系统的复杂“计算”过程。在某种意义或程度上，算计就是观演一体化、“存算一体化”这两个“神经形态”过程的交互平衡。观（存）就是拉大尺度或颗粒的非实时自上而下（top-down）过程，演（算）就是小尺度细颗粒的实时自下而上（bottom-up）过程。在跳跃的思维之外，人类的心智本质上不是符号的，因而是不可计算的。人脑不是电脑，在具有物理属性的同时还有非物理的生理和心理属性。人脑既能够从无意义的事实中孵化出有意义的价值，也能够从有意义的价值中产生无意义的事实。这种主客观的混合决定了心智的计算计特点，即有限的理性计算与无限的感性算计共在。比如，人类的创新跳跃式思维不是基于计算的，即那些常常不按照语言和逻辑所产生的思维，所以完全基于机器的人工智能可能无法产生跳跃式思维，因此也就不太可能有真正非封闭开放环境下的创造性。

真实世界里的各种概念、命题具有各种组合流动性和弹性。算计不是符号性的，而是流程性的，也是意识的显化过程。意识或许就是许多“隐性”的“显性”化，包括隐态与隐势的显化、隐感与隐知的显化、隐注意与隐记忆的显化、隐判断与隐推理的显化、隐分析与隐决策的显化、隐事实与隐价值的显化、隐人情与隐物理的显化。东方的算计以前主要是算计人情世故管理，现在正成为融入物理、数理、法理等的新算计。

在军事领域，虽然人工智能在情报分析、作战计划、无人机和自动驾驶等方面发挥着重要作用，但在面对突发事件和复杂战场环境时，它的局限性就显现出来了。因此，它需要人类的指导和监督，以确保其决策的准确性和道德性。在未来，随着人工智能技术的不断发展，我们可能会找到更好的方法来解决这些问题，使人工智能在军事领域的应用更加可靠和有效。

总之，我们既需要“计算”，也需要“算计”。计算能够让人工智能帮我们对付那些已有大量数据、重复发生的确定性事件，而算计则需要优秀的指挥员临场发挥，做出符合当前态势的决策，完成对不确定事件的应对。

## 二、人工智能能否算计人类?

关于人工智能是否会进化到可以算计人类的程度，目前来看，人工智能的发展仍然处于初级阶段。虽然人工智能在某些领域已经表现出超越人类的计算能力，如数据分析、模式识别等，但它仍然缺乏自主意识和主观判断能力。人工智能的行为和决策都是基于人类预设的规则和算法，它们没有情感、欲望和目的，因此不会像人类一样主动去算计他人。

在军事领域，人工智能系统的应用同样遵循这一原则。例如，自主武器系统能够根据预设的规则和目标执行复杂的任务，但它们的决策过程基于数据和算法，而非真正的意识或自主意愿。这些系统的行为是由人类设计者和操作者负责的，它们的“决策”仅仅是算法的输出，而不是基于意识或自我意识的思考。

即使人工智能系统在军事领域被用于战略规划和决策支持，它们也并不具备算计人类的能力。人工智能系统的行为和决策完全受限于它们被设计和编程的方式。虽然人工智能可能在战术层面上展现出高度的策略性，但这些都是基于人类设定的参数和目标，而非其自身的意识或目的。人工智能系统在处理复杂和不确定性极高的军事问题时，仍然需要人类的监督和干预。军事行动中的伦理和道德考量，以及对战争法的遵守，都需要人类决策者的参与。虽然人工智能系统能够提供数据分析和支持，但最终的决策权和责任仍然在人类手中。

人工智能的发展和应用，虽然在提高效率和准确性方面具有显著优势，但过度依赖人工智能可能会对人类社会产生不利影响，比如削弱人类的独立思考和判断能力。在军事行动中，指挥员需要根据不断变化的战场环境和突发情况做出快速决策。如果过度依赖人工智能系统来做出决策，当系统出现故障或遇到未曾预料的情境时，指挥员可能会发现自己难以适应，无法有效应对。因此，人类的判断力和经验在复杂多变的军事环境中仍然是不可或缺的。

## 三、计算＋算计，将如何实现?

战争模拟器系统是一个将计算能力与策略规划相结合的完美案例。通过计算机建模和仿真技术，这些系统能够创建高度逼真的战场环境，模拟各种武器装备的性能，以及敌我双方可能的行动策略。这种能力为指挥员提供了一个在无风险环境中测试不同作战方案的平台，从而可以在实际部署前预测战争结果并选择最佳作战计划。

在策划一次城市攻占行动时，战争模拟器可以综合考虑地形、建筑物、敌军部署和防御工事等多种因素，生成多种攻击路线和作战计划。通过对每个方案进行详细的评估和比较，指挥员可以了解它们的可能结果，包括预期伤亡、时间和资源消耗等。这样的分析可以帮助指挥员选择最具战术优势和最小风险的方案，并制订出详细的作战计划。

战争模拟器的使用不仅提高了指挥员决策的效率，还提升了作战计划的质量和成功率。它允许指挥员在虚拟环境中尝试不同的战术和策略，而无须承担实际作战中的风险。这种模拟训练还可以帮助指挥员和士兵更好地理解即将面临的战场环境，提高他们的适应能力和反应速度。战争模拟器还可以用于训练士兵的战斗技能和决策能力。通过模拟复杂的战场情况，士兵可以在没有实际危险的情况下学习如何应对各种突发情况，这无疑提高了他们在真实战场上的生存能力和作战效率。

在真实的复杂环境中，存在许多不确定因素、非完全信息以及开放环境等挑战，使得人工智能系统难以做出准确的决策。与此同时，人类的经验、直觉和灵感在处理这些问题时具有独特的优势。比如，在面临复杂多变的战场环境时，人工智能系统可能无法充分理解战场的动态变化和敌人的意图。这时，指挥员的经验和直觉就变得至关重要，他们可以根据自己的经验和直觉对人工智能系统的建议进行判断和调整，从而做出更符合实际情况的决策。因此，将人类的这些能力和人工智能系统的高效、精确结合起来，具有巨大的合作互补潜力。在军事领域，这种结合尤为重要。

时下的人工智能系统，根基尚不稳固。这是因为，我们构造人工智能的基础是冰冷的数学公式，而不是真正的智能逻辑。数学，从数到图再到集合，从算术到微积分再到范畴论，无一不是建立在公理基础上的数理逻辑体系。然而，真正的智能逻辑，既包括数理逻辑，也包括辩证逻辑，还包括许多未发现的逻辑规律。这些未知的逻辑规律，既有未来数学的源泉，也有真情实感逻辑的涌现。

真实智能，从不是单纯脑的产物，就像狼孩，缺乏与人、物、环境的相互作用，其智能发展就会受到限制。真实智能，是人与机器（人造物）、环境相互作用、相互激发唤醒的产物。就像一个设计者规划出的智能系统，需要制造者认真理解后的加工实现，更需要使用者因地制宜、有的放矢地灵活应用。

一个好的人机融合智能，涉及人、物、环境三者之间的有效对立统一，既有客观事实（状）态的计算，也有主观价值（趋）势的算计，是一个人、物、环境的深度态势感知系统。而当前的人工智能，无论是基于规则（数学模型）的还是基于统计概率（大小数据）的，大多是基于计算，而缺乏人类算计的结合与嵌入，进而远离了智能的真实与灵变。

这种智能的真实与灵变尤为重要。战场上，情况瞬息万变，敌我双方的策略和动作都充满了不确定性。单纯依靠数学公式和统计概率，难以完全把握战场的动态。而人类凭借经验和直觉，能够在这种不确定性中找到破绽，找到胜利的契机。因此，军事智能的发展，需要人、机、环境三者深度融合，共同构建一个既有计算能力、又有算计智慧的系统，才能真正应对复杂多变的战场环境，实现智能的真实与灵变。

可以说，自然科学和数学代表客观、理性，是一种主体悬置的态势感知体系，就像从高处俯瞰大地的鹰眼，冷静、超然，不带个人情感。而人文艺术，则充满感性和情感，是一种主体高度参与的态势感知体系，就像艺术家深入生活，用心灵的画笔描绘出五彩斑斓的世界。

人机融合智能，就像理性和感性的融合，是冷冰冰的计算与温暖的人文关怀的交织。由于智能主体的实时参与，它更侧重于人文艺术的感性方面。这就像军事指挥员在战场上，不仅需要冷静的计算和策略规划，还需要对士兵的情感关怀和对战场的深刻理解。

与西方理性计算思维相比，东方智慧就像一条流动的河流，既有理性的成分，也有感性的成分。东方智慧不仅仅是智能计算，而是智能化，重点在“化”，即算计。算计是人类的理性与感性混合盘算，是已有逻辑形式与未知逻辑形式的融合筹划。在这种人机融合智能中，计算—算计（计算计）问题实际上是对东西方智慧的融合与共生的探索。它就像东方的围棋和西方的国际象棋在棋盘上的对弈，是策略与直觉、规则与创意的完美结合。在军事智能领域，这种融合意味着我们不仅需要高效的计算能力来处理数据和情报，还需要人类的智慧和直觉来理解和预测敌人的意图，以及灵活地应对战场上的不确定性。

人机融合智能的未来，将是一种更加全面和深入的态势感知体系，它将融合东西方的智慧，结合理性与感性、计算与算计，以更好地应对复杂多变的军事挑战。

在人机交互中，在态势理解、感知和计算与算计领域，我们常常会遇到一种非互惠作用的现象。这就好比在一场拔河比赛中，一方用力拉扯，而另一方却不用力回应，导致作用力与反作用力不相等。这种情况在军事智能中尤为常见。如何量化分析这些相互作用，就像尝试测量一场混乱的拔河比赛中的力的大小，是一项极具挑战性的任务。

在人机交互中，苗头、时机、变化和因果等概念对于理解用户行为和设计有效的交互系统非常重要。那么，何谓苗头、时机、变化、因果呢?

**苗头。**苗头指的是在交互过程中出现的早期迹象或提示，表明可能会发生某种特定的行为或情况。这些苗头可以是用户的动作、言语、表情或其他行为特征。通过观察和分析苗头，我们可以预测用户的需求或下一步行动，并做出相应的响应。

**时机。**时机指的是在交互过程中发生特定事件或动作的最佳时间点。了解时机可以帮助我们在适当的时间提供合适的信息或反馈，以提高用户体验和交互效果。例如，在用户输入一段文本后，及时显示自动完成建议或提示，就是抓住了时机。

**变化。**变化表示在交互过程中用户行为、环境或情况的改变。这些变化可以是渐近的或突然的，可以是由用户直接引起的，也可以是由系统或外部因素导致的。及时检测和响应变化，可以使交互系统更加灵活和自适应。

**因果。**因果关系是指事件之间的直接联系和影响。在人机交互中，了解因果关系可以帮助我们理解用户行为的原因和结果，并设计相应的反馈和决策机制。例如，如果用户执行了某个操作，但没有达到预期的效果，我们就可以通过分析因果关系来找出问题所在并提供纠正措施。

从概念可以看出，人机交互中的苗头、时机、变化和因果等概念相互关联，共同影响着用户体验和交互效果。通过对这些概念的理解和应用，我们可以设计更智能、更高效和更符合用户需求的交互系统。在人机交互中，我们可以通过观察用户的行为和反应来理解他们的需求和意图。以下是一些例子，说明了苗头、时机、变化和因果之间的关系。

**苗头。**当用户第一次与系统交互时，他们的行为可能只是一些初步的迹象或苗头。例如，用户在界面上的点击、输入的关键词或执行的简单操作。这些苗头可以提供有关他们兴趣和需求的线索。

**时机。**了解用户行为的时机非常重要。例如，用户在特定页面上停留的时间、在某个功能上的重复操作或在特定时间内的频繁访问。这些时机可以提示用户对特定内容或功能的关注程度，以及他们可能的需求变化。

**变化。**用户的行为可能会随着时间的推移发生变化。例如，他们可能会从最初的简单操作逐渐深入更复杂的功能使用，或者他们的需求可能会因情境或任务的改变而发生变化。通过监测这些变化，我们可以及时调整系统的响应和提供更合适的帮助。

**因果。**理解用户行为之间的因果关系可以帮助我们更好地预测和满足他们的需求。例如，如果用户经常在某个页面上进行特定操作，这可能表明该页面上的某个功能对他们很重要，或者他们在该页面上遇到了特定的问题。通过分析这些因果关系，我们可以优化页面设计、提供相关的提示或改进系统的功能。

我们不妨再来看一个更为具体的例子。假设用户在一个在线购物网站上浏览商品。他们首先点击了一些热门商品的链接，然后在一个特定的商品页面上停留了较长时间，还查看了该商品的详细信息和用户评价。这些苗头表明他们可能对该商品感兴趣。接下来，用户在不同的商品页面之间频繁切换，并且在一段时间内没有进行其他操作。这可能是他们在比较不同商品，或者在考虑购买决策。这个时机提示我们可能需要提供一些引导或推荐，以帮助他们做出决策。过了一段时间，用户再次回到最初感兴趣的商品页面，并将其添加到购物车中。这显示他们的需求发生了变化，并且可能是因为他们已经决定购买该商品。最后，通过分析用户的购买历史和行为模式，我们发现他们经常购买类似的商品，并且在特定时间内对某个品牌的商品有较大的兴趣。这表明用户的行为存在一定的因果关系，我们可以根据这些信息进行个性化推荐和制定营销策略。

通过对人机交互中苗头、时机、变化和因果的理解，我们可以更好地设计和优化用户体验，提供更有针对性的帮助和支持，从而提高用户满意度和系统的性能。

现有的逻辑体系，就像是用来解决常规问题的工具箱，当遇到塞翁失马这样的大逻辑或刻舟求剑这样的小逻辑时，往往显得力不从心。这些意外情况，就像是生活中不可预测的曲折，需要一种更加灵活和创新的思维方式来应对。现阶段的人机交互，就像是两个讲不同语言的人试图交流，彼此之间存在巨大的差异。我们仍处于相对简单的低级水平，难点之一就在于如何将人类的价值观和意向性转化为机器可以理解和执行的指令。机器拥有的是局部性的事实逻辑，而人类拥有的则是整体性的价值逻辑，这两者之间的差异，就像是机器只能看到森林中的树木，而人类则能看到整片森林。

为了克服这些难题，我们可以尝试将人机结合起来，进行功能与能力的互补。就像是把人的智慧和机器的力量结合起来，用人类的算计这把利刃，穿透机器计算不时遇到的各种各样的“墙”。这种结合，就像是人类骑在机器这匹马上，引领它穿越复杂多变的战场环境，以实现更深层次的态势感知和人机融合智能。

在这个过程中，我们需要发展新的理论和方法，来量化分析人机之间的相互作用，以及人类的价值逻辑如何在机器中得以体现。这就像是创造一种新的语言，让人类和机器能够顺畅地交流，共同应对军事智能中的挑战。通过这种方式，我们可以让人机融合智能在军事领域发挥更大的作用，实现更深层次的智能化。

# 第七章
# 多样输出——元宇宙能否成为军事作战的模拟沙盒?

元宇宙，一个充满无限可能的新世界，正在逐步从科幻走向现实。在这个虚拟的宇宙中，人们可以创造、探索、体验前所未有的场景和情境。那么，元宇宙能否成为军事作战的模拟沙盒，为军事训练和作战策略提供全新的平台呢？在本章中，我们将一起探讨这个问题，揭示元宇宙在军事领域的潜在价值和挑战。

## 一、军事智能的虚拟副本：数字孪生是模拟实战的终极利器

随着科技的飞速发展，数字孪生技术在军事领域崭露头角。数字孪生是指基于现实世界的物理系统或过程，使用数字模型、数据和算法来创建一个虚拟的、与之对应的数字化版本。这项技

术不仅在工业和科学领域有着广泛应用，也在军事智能领域展现了巨大潜力。在军事领域，数字孪生技术可以应用于多个方面。

### 1. 数字孪生技术在军事领域的应用

#### 1.1　数字孪生技术帮助军事组织进行装备和系统的设计和测试

数字孪生技术为军事装备和系统的设计和测试提供了一种全新的方法论。通过精确的虚拟建模和仿真，数字孪生技术不仅能够帮助开发团队在设计阶段验证装备性能、优化系统集成、加速原型迭代，还能在装备的使用生命周期内提供实时的维护、故障预测和后勤支持。随着数字孪生技术的不断发展，它将在军事装备的设计、测试、运维和优化过程中发挥更加重要的作用，助力军事组织提高作战效能和资源利用效率。

数字孪生技术可以将军事装备（如战斗机、坦克、无人机、舰艇等）转化为详细的虚拟 3D 模型。这些虚拟模型能够精确地反映装备的每个部件、组件及其运作原理，从而帮助设计师在设计阶段全面理解系统的工作方式、性能和潜在问题。军事装备的设计通常需要考虑多个因素，如力学、电气、材料学、热力学等。数字孪生技术能够在虚拟环境中模拟各类条件（如不同载荷、气候、战场环境等），帮助设计团队在多学科的层面上优化装备的各项性能，确保设计的全面性和可行性。

在传统设计过程中，装备往往需要经过大量的物理实验和实地测试，这不仅费用高昂，而且时间周期长。利用数字孪生技术，设计团队可以在虚拟环境中进行“数字测试”，模拟装备在各种实际使用环境中的表现（如高温、高压、震动等极限条件）。这大大降低了实物测试的需求，加速了装备的验证与改进过程。数字孪生技术能够模拟装备在不同战术情境下的表现，包括其操作特性、响应速度、耐久性、故障率等。这使得开发人员能够及早发现潜在的设计缺陷或性能瓶颈，避免了在实际使用中出现问题。

现代军事装备越来越复杂，涉及各种子系统的集成与协同工作。数字孪生技术可以将各个子系统（如通信系统、导航系统、武器系统等）集成到一个虚拟平台中，进行系统级的仿真与性能测试。这有助于检测不同系统之间的协同效果、信息流通与互操作性，确保整体系统的高效运行。尤其是在现代战争中，信息流和数据交换是装备与系统性能的核心。通过数字孪生技术，军事组织能够模拟不同设备、平台和武器系统之间的网络连接与数据交换，验证在复杂战场环境中的通信稳定性、网络安全性等问题，确保装备在实际作战中的协同能力。

数字孪生技术使得装备设计过程中的原型制作不再依赖物理样机，设计师可以通过虚拟原型进行功能验证、形态测试及性能分析。通过对虚拟原型的多次测试和优化，能够在不制造实际原型的情况下，大大缩短设计周期和减少成本。在传统设计中，装备一旦制造出来，若发现设计缺陷，往往需要大量的时间和资源来改进。而通过数字孪生技术，设计师可以实时调整虚拟模型，进行快速迭代，优化设计方案，减少开发过程中设计修改带来的成本和时间浪费。通过数字孪生技术，装备的全生命周期（包括设计、制造、使用、维修和退役）可以在虚拟环境中进行模拟，这不仅有助于评估装备在长期使用中的可靠性、耐久性，还能预测装备在特定条件下的损耗情况。例如，可以模拟武器系统的磨损过程、发动机的老化、电子设备的故障等，从而提前制订维护和更新计划。数字孪生技术还可以模拟装备在战场上的实际使用环境，帮助开发团队测试装备的应急响应能力，如可以模拟系统故障、部件损坏等情况，测试装备在这些情况下的表现，并预测可能导致的战斗失败风险。这种模拟有助于在设计阶段采取措施，提升装备在复杂环境中的适应性。数字孪生技术不仅能够测试装备本身，还能帮助军事组织培训操作人员。在虚拟环境中，操作人员可以通过模拟操作装备进行训练，从而熟悉操作流程、设备功能以及应急处置方法。这种虚拟训练能够降低人员训练成本，并且在不消耗实际装备的情况下进行多次高强度的训练。数字孪生技术能够实时监控装备的运行状态，并通过数据分析预测潜在的故障和维修需求。例如，通过持续跟踪战斗机的发动机运转情况，可以预测何时需要进行维修或更换部件。这种预测性维护能够减少突发故障，延长装备的使用寿命。

### 1.2 数字孪生技术在战场模拟和作战计划中的应用

数字孪生技术为现代军事作战提供了一种全新的战场理解

和决策支持工具。通过虚拟战场的模拟与分析，指挥员可以更准确地预见战场动态、优化作战方案、提高装备使用效率、增强敌情反应能力，从而提高作战的胜算率。数字孪生技术不仅可以帮助军事指挥员进行战略规划、战术决策，也可以为部队提供更为精细和科学的训练方式。在未来，它有望在智能化战场中发挥更加重要的作用。

数字孪生技术可以创建一个精确的虚拟战场，包括地形、气候条件、障碍物、战术设施等因素，通过与真实战场数据的同步，数字孪生技术能够反映战场环境的动态变化，为作战指挥员提供精准的战场信息。虚拟战场不仅能模拟静态地形，还能动态反映敌我双方的活动、气象变化、地形变动（如爆炸、建设等），甚至不同战术环境下的兵力部署。这种动态模拟帮助指挥员提前预测和应对战场上的各种不确定性。指挥员可以在虚拟环境中测试各种战术方案，评估不同决策下可能产生的结果，如模拟空袭、地面进攻、战略撤退等各种作战行动，快速了解战术效果，并通过模拟对比选择最佳方案。同时，通过数字孪生技术，还可以模拟兵力部署、资源调动、补给线等各方面的需求，实时跟踪资源消耗情况，提前发现潜在的瓶颈问题（如后勤支援不足），从而优化战场上的资源配置和调度。

数字孪生技术不仅能模拟己方的行动，还能通过对敌方兵力、战术、设备和历史作战数据的建模，预测敌方的行动和反应。利用这种对敌情的模拟，指挥员可以提前制订应对方案，采取主动防御或反击措施。通过数字孪生技术模拟“红队”（敌军）与“蓝队”（友军）之间的对抗，可以进行虚拟演练和战术优化，模拟不同的战术组合和应急反应，帮助军队在实际对抗中更加灵活应对。数字孪生系统还可以与实际作战中的传感器、卫星、无人机等信息源相连接，实时更新虚拟战场的状态。这些实时数据帮助指挥员根据当前情况调整战术方案，如敌方部队的动向、天气的突变、补给线的安全性等因素都会实时反映在虚拟模型中。基于人工智能和大数据分析，数字孪生系统可以为指挥员提供智能化的决策支持。例如，根据过去的战斗数据和现有的敌情态势，系统能够提出可能的作战方案并进行效果评估，帮助指挥员选择最佳行动路径。数字孪生技术不仅可以在作战前期提供支持，还可以用来进行战后分析和复盘。通过回顾虚拟战场的演变过程，指挥员能够清晰地看到作战过程中每个决策的影响，从中吸取经验教训，为未来的作战做好准备。通过对历史战斗数据的积累和分析，数字孪生技术能够持续优化作战策略和战术，逐步提高部队的作战效能。

### 1.3　数字孪生技术在军事后勤和装备维护中的应用

数字孪生技术在军事后勤和装备维护中的应用也非常广泛，能够提高效率、减少成本，并提升作战能力。在军事装备维护，尤其是对战斗机、坦克、舰船等高价值、高复杂度的装备的维护中，数字孪生技术可以通过实时数据收集和分析，创建装备的虚拟模型，实时监控其运行状态。战斗机的引擎在作战中会承受极大的压力，数字孪生技术可以通过传感器监测发动机的运行状态（如温度、压力、振动等），将这些实时数据与飞机的数字孪生进行对比分析，预测发动机的故障和磨损情况。若基于历史数据和实时监测信息，系统可以预判某个部件在未来500小时内出现故障的概率，进而决定是否提前进行维修，避免作战过程中突然出现故障的风险。在舰船的维护中，数字孪生技术可以监控舰船的各个关键设备（如发动机、电力系统、武器系统等）。通过数字孪生技术对舰船发动机进行模拟，海军可以分析不同操作条件下的发动机表现，预测设备在不同作战环境下的表现，进而优化舰船的使用和维修周期。

数字孪生技术还可以应用于军事后勤，帮助指挥员和后勤部门更有效地调度物资、管理仓库并优化资源配置。数字孪生技术可以创建军事物资运输网络的虚拟模型，分析各类运输工具的实时状态、道路状况、天气情况等数据，从而实现动态的运输调度。运输路线可能会受到天气或敌方干扰的影响，系统可以即时调整运输路线和调配运输资源，确保物资及时送达作战部队。军事后勤中的物资管理尤为重要，数字孪生技术可以对仓库内的物资进行虚拟建模，实时监控库存情况，通过对库存数据、消耗速度、供应链信息等进行分析，系统可以预测物资的需求波动，提前调配资源，避免库存短缺或过剩导致的浪费或供应中断。

数字孪生技术可以在军事训练和演习中用于模拟装备和战

场环境，帮助军队在虚拟环境中进行高效的训练和演习。通过数字孪生技术，训练场景和装备可以被高度仿真，军队可以在一个虚拟的战场环境中模拟战斗、进行战术演练，并根据虚拟环境中的数据来优化实际操作。使用数字孪生技术的战斗机、坦克等装备，可以在虚拟环境中进行战术演练，以最小的成本进行高频次的模拟训练。军队可以通过数字孪生技术对装备进行虚拟化，利用这些虚拟模型进行设备的操作和维护训练。如在战斗机维修训练中，士兵可以通过操作数字孪生系统进行故障排查和修理，而无须担心对实际设备造成损坏。数字孪生技术结合大数据分析，可以帮助军方优化装备的使用和维护策略。比如，分析过去的故障数据和作战表现，预测装备在未来作战中的表现，从而决定是否需要更频繁的维修，或者是否可以延长维修周期，从而节省后勤资源。

数字孪生技术可以帮助不同军事部门进行协作与信息共享，提升整体战斗力。通过数字孪生技术，军队的不同部门（如后勤、维修、作战等）可以共享装备的状态和维护信息。后勤部门可以根据装备的数字孪生模型来预测何时需要补给和维护；而维修部门可以基于数字孪生技术的预测来调配相应的技术人员和设备。通过这种方式，军队可以实现更高效的协同工作。通过数字孪生技术，军事装备可以实现远程诊断和修复，军队中的某些高端装备可能位于远离基地的前线，维修人员可以通过数字孪生模型和远程控制工具对设备进行故障诊断和修复指导，避免了物理设备运输和人员调度的时间延迟。

数字孪生技术在军事后勤和装备维护中的应用不仅能够提高作战效率、降低成本，还能增强战略决策的准确性和作战保障的可靠性。通过实时监控、预测分析、模拟训练和跨部门协作，数字孪生技术为现代军队提供了一个智能化、数据驱动的后勤和装备管理体系，大幅提升了军队的作战准备和响应能力。

### 1.4　数字孪生技术在军事训练和仿真中的应用

数字孪生技术能将现实世界的战场瞬间复制到一个虚拟的平行世界中。在这个虚拟的战场环境中，士兵和指挥员可以尽情地对各种战术、装备和作战方案进行模拟和测试，而无须担心任何现实世界的后果。在这个由数字孪生技术创造的世界里，士兵们可以像身处真实战场一样进行实战模拟。他们可以熟悉各种先进装备的操作，掌握应对战场变化的技巧，提高自己的作战技能。在这个过程中，他们可以安全地犯错、学习并不断改进，因为在这个虚拟环境中，时间可以倒流，错误可以纠正，生命可以重来。

而指挥员则可以站在这个虚拟战场的“高塔”上，俯瞰整个战场局势，审视自己的决策和战术是否能够应对各种复杂多变的战场情况。他们可以调整战术方案，测试不同的作战策略，观察敌军的反应，并从中学习如何做出更好的决策。这让指挥员能够在真实战斗发生之前，就预见到各种可能的结果，并做好准备。数字孪生技术在军事训练和仿真中的应用让士兵和指挥员能够在安全的虚拟环境中进行训练，提高作战技能，并且针对不同情况做出更好的决策。这种创新的技术不仅提高了军事训练的效果和安全性，也为军队在真实战场上的胜利增添了一份神秘的“魔法”力量。

### 1.5 数字孪生技术在武器系统研发和测试中的应用

通过数字孪生技术建立武器装备的虚拟模型，军事工程师可以在数字世界中对各种设计方案进行模拟测试，评估性能并进行优化，而无须实际制造和测试每一种设计方案。这种模拟测试的应用，让他们能够在武器系统实际制造和部署之前，就预见到各种设计方案的性能和效果。这极大地节省了时间和资源，提高了武器系统的设计效率，并大大缩短了研发周期。数字孪生技术的应用，使得军事工程师可以在虚拟环境中对武器系统进行全面的测试和评估。他们可以模拟不同的战场环境，测试武器系统在不同条件下的性能和稳定性，评估其对抗各种威胁的能力。这种全面的测试和评估，使得军事工程师能够更好地理解武器系统的性能和限制，从而进行有针对性的优化和改进。数字孪生技术的应用，还为军事工程师提供了一个可重复、可调整、可分析的实验平台。他们可以在虚拟环境中对武器系统进行反复的测试和修改，直至达到最佳的性能和效果。这种能力使得军事工程师能够在武器系统研发过程中，更好地掌握和利用各种技术和资源，提高武器系统的设计和开发效率。

### 1.6　数字孪生技术在预测和战场决策支持方面的应用

通过对实际战场数据和情报进行模拟分析，数字孪生技术能够预测可能的战场态势变化和敌方行动，为指挥员提供有力的决策支持。在这位“先知”的指引下，军队可以更好地制定战略、预测敌方行动，并优化兵力部署。数字孪生技术可以模拟不同的战场情况，分析敌我双方的兵力、装备、地形等因素，预测出可能的战局走势。这使得指挥员能够提前做好准备，针对不同情况制订相应的作战计划，从而提高作战效率。数字孪生技术还可以帮助军队评估各种作战方案的风险和效果。在虚拟的战场环境中，指挥员可以模拟实施不同的作战方案，观察其可能带来的结果，从而选出最优方案。这种能力使得军队在面临复杂多变的战场环境时，能够迅速做出正确决策，掌握战场主动权。数字孪生技术还可以用于战场资源管理和调度。通过模拟战场环境，系统可以分析不同地区、不同部队的资源需求，为指挥员提供合理的资源分配方案。这有助于提高战场资源的利用效率，确保关键作战任务得到充分支持。

## 2. 数字孪生技术在军事领域面临的挑战

首先，模型的精确度和真实性是数字孪生技术面临的一大挑战。创建一个与真实世界完全对应的数字孪生模型需要极高的精确度，这要求我们对现实世界的物理系统或过程有深入的理解，并且能够精确地将其转化为数字模型。此外，模型的真实性也是一个重要的问题，因为只有真实的模型才能提供准确的预测和分析。其次，数据的获取和保护也是数字孪生技术需要面对的挑战。数字孪生模型的建立和运行需要大量的数据支持，这些数据可能有不同的来源，如何有效地获取、整合和管理这些数据是一个重要的问题。同时，由于这些数据可能涉及国家安全和军事机密，如何保护这些数据的安全，防止数据泄露和被恶意利用，也是一个亟待解决的问题。最后，数字孪生技术对计算资源和算法的需求也是一个挑战。创建和运行复杂的数字孪生模型需要强大的计算能力和高效的算法支持，这对于现有的计算资源和技术水平是一个考验。同时，随着数字孪生模型变得越来越复杂，它对算法的要求也越来越高，如何开发出更加高效、准确的算法，也是我们需要持续探索和改进的方向。

是德科技（Keysight Technologies）航空航天与国防和政府解决方案事业部总经理格雷格·帕奇克说："未来美国国防部客户的系统测试可能的一个发展途径就是数字孪生技术的进步。"这些系统利用基于模型的系统工程（MBSE）方法生成数字化的真实测试场景，这些场景通常会考虑到外部变量，而以前的虚拟测试方法无法做到这一点。理论上，数字孪生概念可以将大多数（如果不是全部）物理系统工程活动转换为虚拟活动。在进行物理测试不切实际、真实世界的效果难以再现的情况下，数字孪生技术可能具有广泛的价值。随着客户寻求更可靠、更具成本效益的测试手段，数字孪生这一选择可能会变得更具吸引力。

数字孪生技术在军事智能中发挥着重要作用，为军队提供了全新的战术训练、武器研发和战场决策支持手段。这种技术的应用不仅能够提高作战效能和战备能力，同时也为军队提供了更安全、更高效的训练和决策环境。未来，数字孪生技术在军事领域的发展势必会持续推动军事智能的创新与进步。

## 二、元宇宙能否成为军事作战的模拟沙盒?

元宇宙，这个充满科幻色彩的概念，正在逐步从幻想走向现实。它提供了一个前所未有的平台，让用户能够在虚拟世界中自由探索和创造。从军事智能的角度来看，元宇宙模拟战争的可能性是存在的，拥有几乎无限的潜力和应用场景。在元宇宙中，可以创建出极其逼真的战场环境，这些环境不仅能够模拟现实世界的地理特征，还能够模拟出敌对双方的兵力部署、装备性能、战术动作等。士兵和指挥员可以在这样的虚拟战场中进行训练，体验各种战斗情景，从而提高战斗技能和决策能力。这种沉浸式的训练体验是传统的模拟训练所无法提供的。元宇宙还能够模拟出复杂的战场态势，包括实时情报、敌我动态、环境变化等。指挥员可以在元宇宙中进行战略推演和战术分析，测试不同的作战计划，评估各种战术的优劣，甚至预测敌方的可能反应。这种模拟战争的能力，对于军事智能来说是一种极具价值的工具。

### 1. 元宇宙模拟军事训练

元宇宙这个融合了真实世界与虚拟世界的概念，在军事应用中充满了无限的可能和惊喜。在这个虚拟的空间里，军事训练可以通过模拟现实的方式提供前所未有的沉浸感和真实感，使得战斗训练更加逼真，达到事半功倍的效果。

以美国海军研究办公室开发的“蓝鲨计划”为例，这个系统允许水手在虚拟的环境中驾驶船只，进行协作训练。这种训练方式不仅提高了训练的真实性，还极大地降低了训练成本和风险。而“复仇者计划”则是另一个例子，它现在被用于帮助训练美国海军飞行员。这个系统通过虚拟现实技术，为飞行员提供了一个高度真实的飞行环境，让他们能够在安全的虚拟空间中学习和掌握飞行技能，提高应对各种复杂情况的能力。美国空军也在利用虚拟现实技术，教飞行员如何管理飞机和任务。这种训练方式不仅提高了飞行员的操作技能，还增强了他们的决策能力和应急反应能力。此外，虚拟现实技术在治疗退伍军人的慢性疼痛和创伤后压力方面也显示出了巨大的潜力。通过创建一个安全的虚拟环境，退伍军人可以在其中进行各种活动，这能帮助他们缓解疼痛和压力，提高生活质量。波音公司创造的增强现实环境，则让机械师能够在踏上真正的飞机之前，在虚拟的飞机上进行练习。这种训练方式不仅提高了机械师的操作技能，还降低了实际操作中的风险和错误率。

### 2. 元宇宙中的真情实感

在元宇宙的世界中，我们可以预见一个未来，士兵在其中进行训练和模拟，仿佛身临其境。然而，如果元宇宙中缺乏真情实感，那么这一切可能只是一场电子游戏，与现实战场的残酷和真实相去甚远。情感和情绪是人类经验的核心，它们在决策、团队合作和应对压力等方面起着关键作用。在军事领域，情感和情绪的管理对于士兵的士气和心理状态至关重要。

当前，虽然元宇宙所需的关键技术在国防领域得到了应用，如虚拟现实、增强现实、人工智能等，但情感与情绪研究似乎成了一个被遗忘的角落。如果元宇宙要成为军事训练和作战的有效工具，就必须填补这一空白，将情感和情绪的真实体验融入其中。在元宇宙中，士兵可能会面临各种模拟的战斗场景，但如果他们无法在其中体验到真实的恐惧、紧张、勇气和荣誉感，那么这些训练可能无法完全转化为现实世界中的战斗力。情感和情绪的缺失可能导致士兵在真实战场上的反应不如预期，影响战斗效果。

不论是现实世界还是虚拟世界，我们都不能避免情感与情绪的影响。自古以来，“攻心”就是兵法中的上策，除了我们熟悉的“四面楚歌”之外，“致师”和“讨敌骂阵”等方法也屡试不爽。巧妙地运用情绪打好心理战，即可不战而屈人之兵。因此，在探索元宇宙在军事运用方面的潜力时，决不能忽视元宇宙中的情感与情绪研究。

### 3. 元宇宙与人机交互

元宇宙技术能够创造出高度逼真的虚拟环境和人机交互体验。通过虚拟现实技术、增强现实技术以及大数据处理等手段，元宇宙能够再现各种战场场景，模拟不同的战争情境。在这个魔法世界中，用户通过特定设备如 VR 头盔或者 AR 眼镜，获得进入这个世界的钥匙。一旦进入元宇宙，他们就能够身临其境地体验战场环境，感受到战场的紧张和刺激。在元宇宙中，用户可以操纵各种武器装备，他们可以驾驶战斗机翱翔天空，也可以操控坦克驰骋战场。而且，他们还可以进行实时的战术决策，指挥部队进行战斗，就像指挥员。

元宇宙技术为军事训练带来了前所未有的便利和效率。在这个虚拟的战场中，士兵可以在没有生命危险的情况下体验各种战争情境，提高自己的战斗技能和决策能力。而这种体验的真实感和沉浸感，是传统的模拟训练所无法比拟的。

### 4. 元宇宙技术提供实时的数据收集和情报分析

在模拟战争中，元宇宙就像是一个透明的战场沙盘，能够收集和分析大量的战场数据，包括敌我兵力分布、战术部署、作战效果等的数据。在这个透明的战场沙盘上，每一个士兵的动作、每一辆坦克的行驶路线、每一架战斗机的飞行轨迹，都被元宇宙技术精确地记录和分析。它能够实时地展示战场上的每一个细节，让模拟战争的参与者清晰地了解战场态势，做出相应的决策和调整。元宇宙技术还能够通过数据分析和人工智能算法，预测敌方的可能行动和战术意图。在这个由元宇宙技术构建的虚拟战场中，士兵可以通过虚拟现实设备，亲身体验各种战斗场景，感受战场的紧张和刺激。同时，他们也可以通过增强现实技术，将虚拟的战场数据和信息叠加到现实世界中，提高对战场态势的理解和感知。

### 5. 元宇宙模拟战争存在的挑战和限制

技术的完善度和准确性是一个关键问题。元宇宙技术需要达到的高度逼真的虚拟环境、精确的模型以及实时的数据处理，对技术的要求极高。这就如同构建一个完全符合现实世界物理定律的平行宇宙，每一个细节都需要精确到极致，稍有偏差就可能导致模拟结果的失真。另外，模拟战争中的实验性质也意味着模拟的结果可能受到设定和参数的影响，或许无法完全还原真实战场情况。这就如同在实验室里模拟自然界的天气，无论设备多么先进，模型多么精确，都无法完全复制出自然界的复杂性和随机性。

## 三、虚拟现实与增强现实如虎添翼助力军演

虚拟现实和增强现实技术在军事领域的应用日益广泛，它们为军事训练、战术模拟和装备维护等提供了全新的解决方案。一个现实中的军事案例是美国陆军对虚拟现实和增强现实技术的应用。

美国陆军对虚拟现实和增强现实技术的应用，展现了军事智能领域的先进理念和创新能力。通过创建高度真实的战场环境，士兵可以在一个安全、可控的虚拟空间中体验战斗情境，提高战斗技能和决策能力。这种训练方式不仅提高了军事训练的效果和安全性，还降低了成本和风险。美国陆军采用的“虚拟战场系统”（VBSS）是一个集成的虚拟训练平台，它允许士兵在逼真的虚拟环境中进行集体训练和个人技能提升。VBSS 可以模拟各种战场环境和情况，让士兵能够在虚拟环境中进行射击、战术部署、战场救护等实战动作。这种训练方式不仅能够提高士兵的作战技能，还能够锻炼他们的反应速度和决策能力。

在当前这个国际关系错综复杂、局势动荡不安的大背景下，各国军事实力的发展和壮大成为全球关注的焦点。就像一场没有硝烟的战争，每个国家都在暗中较劲，希望自己能在军事科技领域占据一席之地。而在这场战争中，虚拟现实和增强现实技术就像两把锐利的宝剑，闪耀着寒光，成为军队现代化建设

的关键因素之一。

虚拟现实技术可以在没有实际战争环境的情况下，将士兵传送到一个又一个逼真的战场。在这里，士兵可以在安全的虚拟空间中体验战斗情境，提高战斗技能和决策能力。他们可以一遍又一遍地演练战术，直到完美无缺，而不必担心生命危险和战争后果。

增强现实技术则像一副透视眼镜，它可以在实际作战中为军事指挥员提供更为精确、详细的战场信息。指挥员可以透过战场迷雾，清晰地看到敌我双方的兵力部署、火力配置，甚至可以预测敌方的下一步行动。增强现实技术在军事教育领域能够将虚拟图像叠加到现实场景中，为学员提供丰富的学习内容和实践体验。这种技术让学员仿佛置身于一个神奇的学习空间，能够更好地理解课程内容；这种学习方式能够让学员更加直观地理解各种概念和技能，提升学习效果。增强现实技术还可以在军事教育中提供实时反馈和指导。学员在训练中可以得到实时的操作指导和错误纠正，帮助他们更快地掌握技能。这种技术让学员在实际操作中不断学习和进步，提高自己的军事素养和实战能力。

虚拟现实和增强现实技术能够创造出一种全新的训练和教育模式，为军事决策提供更加全面的信息和更加直观的展示方式，辅助决策者做出更加准确的决策。这些技术在军事训练和教育中的应用为该领域带来了前所未有的便利和效率，为一国国防事业的发展提供了有力支持。士兵可以在虚拟环境中进行反复的训练和演练，直到掌握所需的技能和知识。这种训练方式不仅能够提高训练效率，还能够节省大量的场地、装备和人力资源。在军事决策方面，虚拟现实和增强现实技术能够为决策者提供高精度的信息和实时的作战指令。决策者可以透过这两种技术看到战场上的每一个细节，包括敌我双方的兵力部署、火力配置和地形特征。这种能力无疑将极大地提高作战效率和胜算率。

随着虚拟现实和增强现实技术的不断发展和普及，它们在军事领域的应用将会越来越广泛，为军队的现代化建设和新质战斗力的提升发挥越来越重要的作用。

# 第八章
# 配合有道——人机融合是不是智能战场的终极合作?

当人类的智慧与机器的力量相遇，一场关于人机融合的传奇正在书写。在这个充满挑战与机遇的时代，本章将带你探索这一激动人心的领域。让我们一起领略人机融合在反导网络、多域战和自主系统等方面的终极合作，见证人类与机器携手共创的未来。

## 一、人机协同组织起立体式反导网络

人类一直在探索更有效的方法来保护自己免受外部威胁的伤害，特别是针对导弹攻击。随着科技的不断进步，现代军事技术已经将注意力集中在人机协同的新型反导网络上。这种新型反导网络的核心思想是将人类和人工智能技术相结合，形成一个更加深入和全方位的反导系统，以更有效地防御导弹袭击。

通过整合人类和人工智能的优势，这种反导网络旨在提高反导系统的响应速度、准确性和效率。

美国的导弹防御局（MDA）项目是一个现实中的案例，它体现了人机协同在反导网络系统中的实际应用。MDA 项目是美国国防部的一个重要组成部分，其主要目标是开发和部署一个多层次、多阶段的导弹防御系统，以保护美国及其盟友免受弹道导弹攻击的威胁。

MDA 项目的核心是建立一个更智能化和协同性更强的反导网络系统。这个系统通过整合多种传感器、人工智能技术和决策支持系统，旨在提供更全面、更高效的导弹防御能力。传感器网络包括地面、海上、空中和太空的各种探测设备，它们能够实时监测和追踪全球范围内的导弹发射活动。人工智能技术在 MDA 项目中扮演着关键角色，它能够处理和分析来自传感器的海量数据，快速识别和分类潜在的导弹威胁。通过机器学习和模式识别，人工智能系统可以预测导弹的飞行轨迹，评估其意图和潜在目标，从而为决策者提供准确和及时的情报。

决策支持系统则负责将人工智能分析的结果转化为具体的防御行动。这些系统可以帮助人类指挥员理解复杂的情况，评估不同的应对方案，并选择最佳的反制措施。这种集成化的人机协同工作流程大大提高了导弹防御的灵活性和效率。MDA 项目还强调了系统间的互操作性。这意味着不同的反导系统和技术能够无缝地协同工作，形成一个综合性的防御网络。例如，陆基雷达系统可以与太空基传感器相配合，提供更精确的导弹追踪数据；而海基拦截器可以与陆基系统共享目标信息，实现更有效的拦截。

这个立体式反导网络就像一个巨大的蜘蛛网，遍布天空、陆地和海洋，每一根丝线都是一个敏锐的感官，时刻警惕着来自四面八方的威胁。这个网络不仅仅是由冰冷的机器构成的，更是人类智慧与机器智能的完美融合，它们协同作战，共同编织起一张坚不可摧的防御大网。在这个网络中，传感器就是那些无所不在的蜘蛛眼，它们如同天上的星星、地上的蚂蚁、海中的水母，各自占据着战略要地，时刻监视着任何可疑的动静。空中预警机如同高飞的雄鹰，俯瞰着大地；陆地上的雷达站则如同忠诚的猎犬，嗅探着每一丝异动；而海洋中的潜艇和水面舰艇，则如同潜伏的鳄鱼，静待猎物的出现。

当这些传感器捕获到导弹发射的迹象时，它们立即将这些信息转化为电信号，通过以光速传播的通信网络，瞬间送达中央指挥中心。中央指挥中心就像是指挥蜘蛛网的神经系统，接收和处理着来自各个方向的信息。而人工智能就是这个网络的大脑，它以超乎人类想象的速度和精度，对这些信息进行分析和计算。它不仅能够识别出导弹的类型、速度和飞行轨迹，还能够预测敌方可能的意图和目标，为人类指挥员提供决策的依据。在这个网络中，人类指挥员依靠人工智能提供的情报迅速做出判断，指挥着这个庞大的防御系统。他们可以选择最佳的拦截时机和地点，调度各种拦截武器，如动能拦截弹、激光武器等，如同发射蜘蛛丝一般，准确无误地捕捉或摧毁来袭的导弹。

在人机协同中，机器的优势在于高速计算、大数据处理和精确性等方面，而人类则具有创造性思维、灵活性和情感等优势。因此，人机协同的真正价值在于充分发挥人与机器各自的优势，从而实现更高效、更智能的工作和生活方式。

然而，人们常常倾向于将人机协同简单地理解为"人优＋机优"，这种思维模式可能源自对技术的迷信或对人工智能能力的过高期待。然而，专业人员在研究人机协同时通常会更全面地考虑其他三种情况："人优＋机劣"、"人劣＋机优"和"人劣＋机劣"。这些情况更贴近实际生活和工作中的情形，强调了在协同工作中人与机器各自的优势和劣势，并提出了如何通过合作弥补不足、实现最佳效果的方法。因此，了解并研究这四种情况可以帮助我们更好地应用人机协同技术，发挥最大的效益。

（1）人优＋机优。人和机器各自发挥优势，通过协同合作实现更好的结果。这就好比一名医生使用智能诊断系统来辅助诊断病情。医生凭借丰富的经验和专业知识，能够准确判断大部分病例，而智能诊断系统能够提供及时的辅助诊断，以帮助医生更好地做出决策，提高诊断的准确性和效率。

（2）人优＋机劣。机器在某些方面表现不如人类，但人类仍然可以通过与机器的协同合作来提高工作效率和质量。这就如同一个司机使用导航系统导航。司机具有道路规划和驾驶经验，而由于交通状况的复杂性和变化性，导航系统可能无法准确预测道路情况。尽管如此，司机仍然可以根据自己的经验和判断做出正确的决策，顺利达到目的地。

（3）人劣＋机优。人类在某些方面的表现不如机器，机器可以通过自动化和高效处理来弥补人类的不足。这就像一个老年人使用智能家居系统。老年人可能因年龄或身体状况的限制而无法完成某些日常生活活动，如打开窗户、关灯等。智能家居系统可以通过自动化控制这些设备，给老年人的日常生活带来便利，提高其生活质量。

（4）人劣＋机劣。人类和机器在某些方面都表现得不理想，这种情况下可能需要改进和提升技术，或者通过其他方式来解决问题。这就像一个学生使用语言翻译应用程序来帮助其学习外语。他在学习外语时可能会遇到词汇理解困难，而语言翻译应用程序存在误译或不准确的情况。尽管如此，学生仍然可以从应用程序中获取基本的翻译信息，并尝试通过其他途径（如词典、语言学习网站等）弥补应用程序的不足，以提高语言学习的效果。

人机协同表明，“人优＋机优”只是其中的一种情况，表示人和机器都处于优势状态，共同协作能够取得最好的效果。其余三种情况则分别表示人或机器至少有一方处于劣势状态，需要通过协同合作来弥补不足，以达到更好的结果。

在实际工作和生活中，人机协同可以根据具体情况灵活运用，充分发挥各自的优势，实现合作共赢。人机协同的非平行性指的是人类和机器之间的合作不是完全平等的，而是各自发挥自身优势并相互补充的关系。

人类在创造性思维、情感交流和价值判断等方面具有独特优势。人类能够进行复杂的推理和创新，能够处理模糊和不确定的信息，拥有情感和社会认知能力。这些能力使得人类在面对复杂任务和不确定环境时能够灵活应对，具有创造性和情感上的共鸣。而机器则在处理大量数据、执行精确计算和自动化任务方面具有独特优势。机器能够高效地进行重复性工作，不会受到疲劳和情绪的影响，能够在很短的时间内处理大量数据和进行精确计算。机器还可以利用机器学习和人工智能技术从海量数据中学习和提取模式，提供准确的预测和决策支持。

人机协同的非平行性体现在两者在合作中互相补充和协同工作上。人类可以利用机器的高效计算和数据处理能力来辅助决策和解决问题，同时机器也可以通过人类的创造性思维和情感交流来提升自己的智能水平。两者之间的互动和合作构成了人机协同的非平行性，使得合作结果超过了单独使用人力或机器力量的能力范围。

在这个由军事智能驱动的反导网络中，系统不仅能够独立思考，还能够与真实的人类指挥员并肩作战。当这些系统的传感器和人工智能算法检测到一枚导弹撕裂大气层、划破宁静的天空时，它们立即开始分析数据，计算威胁程度，并迅速生成一系列可能的应对方案。这些方案可能包括启动附近的陆基拦截器，发射海基拦截导弹，或者激活空中的激光武器平台。每一项方案都是基于复杂的算法和模拟结果，考虑了拦截成功率、潜在的附带损害以及战略后果。

人工智能将这一系列方案呈现给人类指挥员，并提供详尽的分析和预测。指挥员可以利用自己的经验和对当前政治、战略环境的理解，与人工智能进行深入的讨论和评估。在这种人机协作的模式下，决策不再是由单一方做出的，而是双方智慧的结晶。人工智能的快速反应能力和数据处理能力与人类指挥员的经验和直觉相结合，形成了一个强大的团队。他们共同审视战场态势，权衡各种因素，最终选择出最佳的应对策略。

这种协同工作的方式极大提高了防御系统的反应速度。在导弹威胁面前，每一秒都可能意味着生与死的差别。通过人机协作，反导系统能够在分秒必争的情况下迅速做出决策，调度资源，执行拦截任务。同时，这种模式也极大提升了防御的灵活性。由于人工智能能够实时学习和适应新的威胁模式，它能够帮助人类指挥员理解不断变化的战场环境，并相应地调整防御策略。这种动态的适应能力，使得反导网络能够更加灵活地应对各种复杂和不可预测的导弹威胁。

人机协作通常被狭义地设想为人工与一个到几百个或更多个自主化无人系统进行交互的过程。从最基本的形式来看，人机协作的这种愿景并不新鲜，人类与智能机器合作了几十年。

1997年超级计算机“深蓝”在一场国际象棋比赛中击败世界冠军加里·卡斯帕罗夫，体现了早期的机器才能。军队长期以来也一直在测试各种概念，以提高这一关键能力。然而，近年来人工智能和机器人技术的发展速度令人印象深刻，这促使人们越来越多地考虑这些技术所带来的新能力、效率和优势。

在这个由军事智能驱动的立体式反导网络中，虽然我们拥有了一个强大的防御盾牌，但同时也面临着诸多挑战。这就像一把双刃剑，既能够保护我们免受导弹威胁，又可能因为其复杂性而带来新的风险。

确保系统的安全性和稳定性是摆在我们面前的一个主要挑战。这些系统所携带的信息是极为敏感的，涉及国家安全和战略利益。一旦这些信息被窃取或遭受网络攻击，后果将不堪设想。因此，我们必须采取有效措施来保障这些信息的安全。我们需要为这个反导网络构建一道道防火墙，加密通信数据，加强网络安全监控，确保系统的稳定运行。

人机协同组织起立体式反导网络是未来防御导弹威胁的重要方法之一。通过整合人类智慧和人工智能的力量，这种网络能够提供更高效、更全面的导弹防御能力。然而，要实现这一目标，我们还需要解决技术、安全和合作等方面的挑战。技术的挑战在于如何进一步提高人工智能的智能水平和自主决策能力，使其能够在复杂多变的战场环境中做出更准确的判断。同时，安全的挑战在于需要开发更先进的传感器技术和拦截武器，以提高系统的拦截能力和成功率。合作的挑战则涉及如何建立起跨军种、跨部门的紧密合作关系。这需要各方共同努力，打破信息壁垒，实现资源共享，建立起高效的协同工作机制。

## 二、人机融合：打好多域战的关键

海湾战争和阿富汗战争都是现代战争中具有代表性的多域战，涉及地面、海上和空中的多种作战方式。这些战争中，联合国军队和美军都展示了先进的武器和作战技术，包括高科技武器和装备，以及无人机、特种部队等作战手段。军事智能在这些战争中的应用也十分广泛。例如，在伊拉克战争中，联合国军队利用了先进的情报系统和通信技术，对伊拉克军队进行了精确的打击。而在阿富汗战争中，美军利用了无人机和特种部队进行反恐作战，这些作战手段需要高度精确的情报和信息支持。除了情报和信息支持外，军事智能还包括自主系统、网络防御、电子战等多个方面。在多域战中，这些技术的应用可以大大提高作战效率和精确度，减少士兵的伤亡和损失。海湾战争和阿富汗战争都展示了现代战争中军事智能的重要性。随着技术的不断进步，军事智能将会在未来的战争中发挥更加重要的作用。

多域战（MDO）的特点是跨越传统上分离的空中、陆地、海上、太空和网络空间领域，以及信息领域和电磁频谱领域的动态和分布式行动组合，以实现协同和组合效果，并改善任务效果。同时，与之匹配的指挥控制系统为 MDO 指挥与控制（MDC2），也称联合全域指挥与控制（JADC2），其目标是将分布式传感器、火力单元和来自所有域的数据连接到联合力量单位，使其协调行使职权以在时间、空间和目标上进行整合计划和同步收敛。

美军的多域战是指打破军种和领域界限，通过陆、海、空、天、网等多域的同步跨域火力和全域机动，夺取物理域、信息域、认知域等多方面的优势，以应对高端对手。

现代战争确实可以被比作一首在多变环境中演奏的交响乐。在这首交响乐中，陆、海、空等多个战场需要精确的协同才能演奏出胜利的乐章；而军事智能则是这首交响乐的指挥，起着至关重要的作用。军事智能涉及情报收集、分析、共享等多个方面。在现代战争中，情报的重要性不言而喻。通过对敌方情报的收集和分析，可以了解敌方的行动和意图，从而制订相应的作战计划。同时，情报的共享也至关重要，它能够确保战场上各个部队之间的信息流通，使得整个作战体系更加紧密和协同。

多域战成为热点，其背后的原因是多元化的。首先，技术的跃进为现代战争带来了新的维度。人工智能、物联网和大数据分析等前沿技术不仅推动了传统陆海空三维领域的战争形态变革，而且将战争引入了数字化的四维甚至更多维度。这些技术的应用使得网络化、信息化和数字化成为军事力量的核心要素，从而催生了多域战的兴起。其次，地缘政治的紧张局势也是多域战兴起的原因之一。国际关系的复杂性使得一些国家对于自身安全的忧虑加剧，它们寻求更全面的防御策略来应对潜在的威胁。军事战略开始向多域战转型，以期在各个方向上都能应对自如。最后，对手威胁的演变也是多域战兴起的重要原因。网络攻击、信息战等新型战术的出现，使得威胁的形式变得更加灵活和多样。传统的战争工具已经无法完全应对这些威胁，因此军队必须像变色龙一样，灵活适应不同的战场，运用各种不同的手段，以期在面对威胁时能够有的放矢，全方位地守护国家安全。

在多域战中，军事智能发挥着至关重要的作用。通过收集、分析和共享情报，军事智能能够为决策者提供准确的战场信息，帮助他们制订有效的作战计划。同时，军事智能还能够利用自主系统、网络防御和电子战等技术手段，提高作战效率和精确度，减少士兵的伤亡和损失。因此，随着技术的不断进步和战争形态的演变，军事智能将在多域战中扮演越来越重要的角色。要想在多域战中取得胜利，军队必须确保整体的协同作战能力和组织体系的完美运作。而在这个复杂的“机械”中，人机融合技术就像动力，让它运转起来，拥有自主思考和决策的能力。

人机融合技术是军事智能领域的一项重要发展，它将人类的大脑与机器的计算能力结合起来，形成了一种强大的智能综合体。在军事领域，这种技术的应用极大地提升了士兵的作战能力和生存概率。通过智能感知系统，士兵在夜间或其他低能见度条件下依然能够清晰地洞察敌人的动向，这是因为智能系统能够处理和分析来自各种传感器的大量数据，提供实时的战场情报。智能决策系统的应用，使得士兵能够在复杂多变的战场环境中迅速做出最佳判断。这些系统可以分析大量的战场数据，包括敌我双方的兵力部署、地形地貌、天气条件等，帮助士兵如同在复杂棋局中一眼看透胜负一样做出决策。

军事智能的发展经历了机械战、信息战，现阶段随着网络技术的发展又出现了网络中心战、算法战、马赛克战、多域战。其中，网络中心战是利用网络对各地的部队和士兵进行一体化的指挥与控制，实现信息共享，提高决策效率。算法战出现于各地部队对数据分析的需求，它是指通过算法提高处理信息的能力，从而帮助指挥员进行高效决策。马赛克战是将各简单系统联网，在不同的场景下连接不同的模块发挥对应的功效。多域战是指联合多域包括陆、海、空、天、网等作战力量，形成优势窗口，进而创造更多优势窗口，实现对敌压制。

美军军事智能的发展经过了三次抵消战略，即在战争结束初期国力相对下降、大国挑战加剧的背景下，谋求新技术来强化军事优势的战略。现正处于后疫情时代，正经历百年未有之大变局，美国影响力衰退，正处于第三次抵消时期。美国当下的战略是利用以人工智能和自主技术为首的技术强化军事优势。DARPA 军事智能经历了人工智能研究、战略计算项目、技术发展、自主领域成立四个阶段，研究领域主要为语音识别技术、环境感知技术、人工智能技术、机器人自主控制技术、自主编组协调技术。

人机环境融合或许是未来智能化战争的关键，人机融合智能中的分工应依靠功能与能力的共同协调，在复杂、非结构等各种问题中，人类或类人的预处理非常重要，其关键是将无界的问题转化为有界的问题，进而交给机器进行准确处理；同时也需要智慧化协同作战，将非逻辑的因素考虑在内。

智能控制系统则使得武器的使用更加精准。通过精准的目标定位和跟踪，智能控制系统可以帮助士兵像在靶场上轻松射中靶心一样，准确打击敌人，提高作战效率和杀伤力。智能机器人可以在战场上执行一些对人类士兵来说过于危险的任务，如排雷、检查爆炸物等。这些机器人的使用不仅降低了士兵的伤亡风险，而且提高了任务执行的效率和安全性。在多域战中，人机融合技术的应用还能够提升整体的作战效率。例如，通过无人机和地面机器人的配合，可以实现空中和地面的立体作战，从而在多个领域形成对敌人的压制和优势。人机融合技术在军事领域的应用，不仅提升了军队的作战效能，还守护了士兵的生命，为他们提供了更多的生存机会，并在战场上形成了一道无形的坚固防线。

在多域战这种复杂的战争环境中，人机融合技术成为提高战争效率、效能和体验的关键因素。通过将人类的智能与机器的计算能力、感知能力和决策能力相结合，人机融合技术能够为军事行动带来巨大的优势。在未来，随着技术的不断进步，人机融合技术将持续发展，推动军事科技的进步和创新。例如，智能化的指挥控制系统可以更快速地处理和分析大量的战场数据，提供实时的决策支持；自主无人作战系统可以在高风险的环境中执行任务，减少士兵的伤亡；增强现实技术可以提高士兵的情境感知能力，使他们更有效地执行任务。

军方必须加强人机融合相关技术的研究和应用，以提高战斗力和保障士兵的安全。这包括投资于研发先进的传感器、人工智能算法、自主系统和其他关键技术，以及培训士兵如何有效地使用这些技术。军方也需要注意遵守相关的法律和道德规范，避免人机融合技术带来的负面影响。此外，还需要考虑人机融合技术可能对士兵心理和生理健康造成的影响，以及如何处理战场上的道德和伦理问题等。

总之，人机融合技术是多域战中提高效率和效能的关键，但同时也需要谨慎处理其带来的法律、道德和伦理挑战。通过负责任地研究和应用这些技术，军方可以在确保士兵安全和遵守法律规范的同时，充分利用人机融合技术带来的优势。

## 三、自主系统及其典型案例

自主系统是指能够在一定程度上独立进行决策和执行任务

的系统。这类系统通常依赖于先进的传感技术、人工智能和算法，能够感知环境、分析数据并采取行动，而不需要持续的人类干预。

自主系统通过各种传感器（如雷达、摄像头、激光测距仪等）获取环境信息，然后利用这些信息理解周围的情况和情境。基于感知到的信息，自主系统能够利用内置的算法和逻辑进行决策。这些决策可能涉及行动的选择、时机的确定以及如何响应变化的环境条件。一旦做出决策，自主系统就能够自动执行任务或采取必要的行动。这包括从简单的机器人动作到复杂的军事战术行动或自动驾驶汽车的操作。自主系统通常具备实时适应环境变化的能力，并且有些系统还能够通过学习来优化自身的性能和决策能力。这种能力使得系统能够更好地适应不断变化的条件和新出现的情况。自主系统涉及很多领域，例如无人驾驶飞行器（如无人机）和自动化的防御系统、自动化装配线和仓储物流系统、自动驾驶汽车和无人驾驶船只等交通工具、自动化手术机器人和智能健康追踪设备。

自主系统在一定程度上能够减少人类造成的风险、机器造成的风险、环境造成的风险；它可以通过人工智能、机器学习等技术减少人类的干预和错误，提高生产效率和质量，降低成本和风险。例如，自动驾驶汽车可以避免人类驾驶员由疲劳、醉酒、分心等因素造成的事故；智能医疗系统可以提高诊断的准确性和治疗的效果，减少误诊和医疗事故；智能家居系统可以实现自动化的控制和管理，提高能源效率和安全性。同时，自主系统面临的主要挑战包括安全性和可靠性的保证、伦理和法律问题（如责任问题）、对复杂环境的适应能力以及与人类用户的有效交互。

以色列的铁穹（Iron Dome）系统是自主系统的一个典型例子，它充分展示了自主系统的概念。铁穹是以色列开发的一种防空导弹系统，用于拦截短程火箭弹、炮弹和无人机。这个系统通过雷达探测并跟踪入侵的目标，然后计算出拦截弹道，发射导弹进行拦截。其关键的自主系统特征包括以下四点：

（1）目标检测与跟踪。铁穹系统通过雷达和其他传感器实时检测来袭的导弹和火箭弹，确定其速度、航向和可能的目标。

（2）决策制导。系统通过内置的算法和决策逻辑分析来自传感器的数据，并做出是否启动拦截导弹的决策。这个过程是自主的，系统不需要人类操作员干预每一个拦截决策。

（3）拦截导弹发射。一旦系统决定启动拦截，它就会自动选择合适的导弹类型，计算最佳发射位置和时机，并且进行导弹发射。

（4）实时调整。铁穹系统能够实时调整其行动方案，以应对多个威胁或者复杂的进攻情况，这种实时调整不依赖于人类干预。

铁穹系统展示了自主系统在现代军事和防御中的重要性和优势，包括以下几点：一是即时响应。自主系统可以在毫秒级别内做出响应，远快于人类的反应时间，因此在防御突发威胁时表现出色。二是减少人为错误。自主系统减少了人类操作的可能性和错误，提高了整体系统的效率和可靠性。三是适应复杂环境。在战场上，环境可能迅速变化，自主系统能够快速适应这些变化，保持较高的战术执行能力。简言之，铁穹系统是一个成功的自主系统案例，它展示了自主技术如何在现代防御和安全领域中发挥关键作用，保护人员和设施免受敌对威胁。

总的来说，自主系统代表了技术发展的一个重要方向，它在多个领域展示了巨大的潜力，并将在未来继续发挥重要作用。

# 第九章
# 战场生态——现代战争中的态势感知和人机环境系统如何配合合作?

在现代战争中，态势感知和人机环境系统成为战场上的两大法宝。态势感知如同指挥员的“超能力”，让他们能够洞察战场的每一个角落；而人机环境系统则像战士的“神助攻”，将人类智慧与机器力量完美结合。在本章中，我们将一起探索这二者在现代战争中的奥秘，了解它们如何共同塑造未来战场。

## 一、态势感知如何辅助军队作战?

在21世纪初，中国的歼-10A战斗机横空出世。它不仅仅是一款先进的战斗机，更是中国航空工业自主创新的重要成果。歼-10A的设计融合了当时最尖端的航空技术，尤其是它的玻璃座舱设计，代表了战斗机座舱布局的一场革命。

玻璃座舱，顾名思义，就是将传统的机械仪表替换为电子显示屏，这些显示屏可以提供更加丰富和直观的信息。在歼-10A 上，仪表板上方的折射平显和下方的三个单色多功能显示器共同构成了座舱仪表的核心。这种“一平三下四显示器”的设计，使得飞行员能够更加迅速和准确地获取飞行数据，极大地提高了飞行员的态势感知能力。

与之前的第二代战斗机相比，歼-10A 的这种设计无疑是一场革命。二代机的座舱内充满了复杂的机械仪表和按钮，就像是“蒸汽朋克”时代的机械艺术，而歼-10A 的玻璃座舱则像是进入了数字化的新纪元。飞行员不再需要低头查看繁复的仪表，他们的视线可以更多地保持在舱外，通过平显来获取关键信息，这对于在激烈空战中的飞行员来说至关重要。

在总体设计上，歼-10A 座舱具有后发优势。相较于国际上知名的 F-16C 战斗机的“一平二下”设计，歼-10A 的座舱更加先进。F-16C 只有两个小尺寸的多功能显示器，而歼-10A 的显示器更大，能够显示更多信息，为飞行员提供更全面的战场态势感知。

随着 2008 年歼-10B 的首飞，中国航空工业再次向前迈进了一大步。歼-10B 不仅装备了先进的国产无源相控阵雷达，而且在座舱设计上也有了显著提升。为了满足更高的信息化要求，歼-10B 升级了国产衍射平显，并增大了三个多功能显示器的尺寸，将其从正方形变为长方形，这些改进的最终目的都是提升飞行员的态势感知水平。

那么，态势感知是如何辅助作战的呢？态势感知通过提供实时战场信息，帮助飞行员做出更快、更准确的决策。在空战中，飞行员需要快速识别敌机、判断敌机的意图，并采取相应的战术动作。通过座舱内的平显和多功能显示器，飞行员可以直观地看到敌机的位置、速度、高度等信息，以及自己的飞机状态，如速度、高度、武器状态等。这些信息使得飞行员能够在瞬间做出决策，比如是进行攻击还是规避，是继续追击还是撤退。这些决策都是基于对战场态势的准确感知。

态势感知是军事领域中的一个核心概念，它指的是对当前战场或作战环境状态的清晰理解，包括敌我双方的位置、行动、意图、能力和限制等信息。态势感知是现代战争中不可或缺的一部分，它对于指挥员制定战略和战术决策、士兵执行任务以及军事行动的成功至关重要。

态指的是事物存在的状态、形式或状况，它可以代表某个时刻的情况或状态。而势指的是发展的趋势、潜在的力量或可能的动向，它是对现状或趋势的推测和预测。态与势的分离意味着态与势被看作两个独立的概念。这种分离可能导致对事物发展的不完整或片面的认识。只关注态或只关注势都无法全面地理解和把握事物的本质。克服态与势的分离意味着要同时考虑事物的当前状态和潜在的趋势。这种综合性的思考可以帮助我们更好地分析和预测事物的发展。通过克服态与势的分离，我们可以更全面、准确地认识事物，并做出更恰当的决策和行动。在管理、决策、战略等领域，理解和应用态势的本质对于解决问题、应对挑战非常重要。只有通过分析事物的态势离合，我们才能更好地把握事物的本质和规律，从而做出更明智的选择。

感指的是对外部事物、现象或信息的直接感受和体验，是人对外界刺激的主观反应。感觉是感知的基础，通过感觉，人们可以感受到世界的各种变化和存在。知则是对所感知到的信息进行理解、分析和归纳的能力，是人们对感觉的处理和认知。知识是感知的结果，通过知识，人们能够理解事物的本质、规律和关系。感与知的分离意味着感觉与认知是两个相对独立的过程。感觉是主观的，是一种直觉式的体验，容易受到个体的主观因素和偏见的影响；而知识是客观的，是通过分析和理解事物本身获得的，是一种有根据、有结构的认知过程。克服感与知的分离意味着将感觉与认识相结合，通过科学的方法和思维方式，对感觉到的信息进行客观、理性和系统的分析及解读。这需要人们具备批判性思维和科学的认知能力，以及一定的知识储备和方法论，才能更好地理解和把握世界的本质。

态势感知的本质在于将态势与感知分离开来，并通过克服这种分离来进行有效的数据收集和信息分析。态势是指在特定时间和地点的现实情况或状态，包括各种因素如环境、人员、资源等的组合。感知是指获得、观察和理解这些情况或状态的能力。态势感知的目的就是通过感知各种变化来获取准确、全面和及时的态势信息。然而，态势与感知之间存在分离的问题。即使有足够的感知能力和技术手段，也可能由于信息过载、信息不对称、信息噪声等原因而无法准确地获取和理解态势信息。同时，即使获得了相关的态势信息，也可能由于认知偏差、主观判断等因素而产生对态势的理解偏差或错误。为了克服态势与感知的分离，需要运用科学的方法和技术手段。这包括使用各种感知工具和传感器来获得更全面和准确的态势信息，如雷达、摄像头、卫星图像等。同时，还需要运用数据分析、模型建立、决策支持等方法来提取和分析有用的信息，以便更好地理解和预测态势变化。另外，还需要培养和提高从业人员的态势感知能力，包括观察、分析、推理、判断等方面的能力。这可以通过培训、实践和经验积累来实现。

态势感知在现代战争中扮演着关键角色，它能够帮助军队在复杂和动态的战场环境中保持优势。随着技术的发展，态势感知系统将变得更加智能化和自动化，为军事行动提供更加全面和准确的信息支持。

例如，在现代战场的广阔天空中，空军需要迅速而准确地捕捉到战场上的每一个微妙变化。随着战争的面貌变得日益复杂、信息越发繁杂，空军这只雄鹰的视线必须更加敏锐，它的翅膀必须更加坚强。因此，现代科技就像一副高倍率的望远镜，能帮助空军增强其态势感知能力，使其能够在战场的风云变幻中洞察先机。

飞行员在起飞、巡航、进近和着陆等各个飞行阶段，利用先进的态势感知技术来搜集周围环境的信息。这些技术能够帮助他们识别和追踪其他飞机、地形、天气、障碍物等。飞行员利用这些信息来做出关键的决策和操作。

态势感知技术通过提供实时的环境信息、飞机状态和其他相关数据，引导飞行员做出更加明智的决策。这些信息帮助飞行员准确地了解周围的环境，包括天气、空域限制、其他航空器的位置等。在这位智能导航员的帮助下，飞行员能够避免潜在的危险和冲突，就像是在密集的森林中找到了一条安全的路径。

态势感知技术还能够帮助飞行员更好地规划航线和优化飞行计划，提高飞行的效率和安全性。它引导飞行员选择最佳的航线，避开可能的障碍和危险，确保每一次飞行都是顺利和安全的旅程。

在军事智能的世界里，态势感知这位“侦察兵”的故事始于 20 世纪 60 年代，那时美国政府开始利用雷达和其他传感技术来监测空中和海上的威胁。随着时间的推移，这位“侦察兵”的职责不断扩大，它踏入了网络安全的新领域。在这里，它用同样的敏锐和警觉，监测着数字世界的暗流涌动，检测和响应计算机网络中的威胁行为。态势感知就像在无边的互联网海洋中巡逻的智能卫兵，保护着我们的数字边疆不受侵犯。

在军事领域，军队需要获取来自四面八方的情报，包括卫星、侦察机、人工情报（HUMINT）等多种来源。态势感知技术就像一位智慧的建筑师，将这些零散的情报片段整合在一起，形成了一幅完整的战场全景图。它不仅揭示了敌方部队的位置、数量和装备，还洞察了他们的行动模式和意图。

更令人惊叹的是，态势感知技术还能够通过分析对手的态度和行为，预测他们可能的行动。这就好比一位先知，它为我们提供了宝贵的时间窗口，让我们能够提前采取反制措施，保护我军免受威胁。在这位智能侦察兵的帮助下，我们能够在战场的棋局中先行一步，牢牢掌握胜利的主动权。

在训练和演习中，态势感知技术同样发挥着重要的作用。通过虚拟现实技术，它能够模拟出各种战场环境和实战情况，为士兵提供真实的战场体验。在这种模拟环境中，士兵可以不断提高自己的应对能力和反应速度，就像是在进行一场真实的战斗。同时，态势感知技术还可以收集和分析士兵的表现数据，为教练员提供宝贵的反馈，帮助他们了解训练效果，优化训练计划。

总的来说，态势感知技术就像一位无形的指挥员，它在情报收集、战场管理、后勤保障和训练演习等方面发挥着巨大的作用。它能够提高军队的作战效率和战斗力，为保卫国家安全和维护世界和平做出重要贡献。因此，加强态势感知技术研究、推广应用，就如同为军队装备了一把利剑，让我们在现代战场上无往不胜。

## 二、人机环 1+1+1 会大于 3 吗?

在现代军事领域，人、机器和环境的结合已经达到了前所未有的高度。一个典型的案例就是装备了先进智能化系统的战术装甲车辆。这些装甲车辆不仅是战场上的钢铁堡垒，更是高科技的产物。它们将人类智慧与机器力量完美结合，成为战场上的一股强大力量。

这些智能化的战术装甲车辆拥有高度自动化的系统，能够在战场上执行各种任务，如侦察、巡逻、防御和支援等。它们装备了先进的传感器、监视装置和自主决策系统，能够在各种地形条件下运行，如城市、沙漠或丛林等，并能够应对多种战斗环境，如对抗不同类型的敌方武装力量。

在战场环境中，这些智能化的战术装甲车辆能够快速、准确地感知战场情况，并自主做出响应，执行各种任务。它们就像有自己的大脑和感官一样，能够在瞬息万变的战场上灵活应对各种挑战。

在这些智能化的战术装甲车辆背后，是人类操作员的冷静指挥。他们通过高级控制系统监控车辆的状态，指挥它们在战场上的一举一动。这些操作员就是车辆的灵魂，他们的决策和指挥让这些冰冷的机器拥有了生命和灵性。

这种人、机器、环境结合的智能化战术装甲车辆系统，大大提高了军队在战场上的作战能力和灵活性。它们能够在不同的环境下适应并执行任务，为军事行动提供重要的支持和战略优势。

在操作层面，人类操作员通过高级控制系统监控和指挥这些装甲车辆；机器系统则负责执行各种任务，根据情况做出智能决策。这种人机结合的方式，使得战术装甲车辆能够在战场上发挥出强大的作战效能。

这些智能化的战术装甲车辆还具备自适应和自修复的能力。在战场上，它们能够根据战斗环境的变化，调整自己的作战策略和战术动作。这种智能化的作战方式，使得战术装甲车辆能够在战场上发挥出更大的作用。

智能化的战术装甲车辆在战场上的应用也面临着一些挑战。例如，如何确保机器的决策系统不会出现误判，如何确保人类操作员能够正确理解和执行机器的决策等。这些问题需要通过不断的技术创新和战术训练来解决。

人、机器、环境结合的智能化战术装甲车辆系统，在提升军事作战效能、降低风险等方面具有巨大潜力。但要实现这一目标，我们需要综合考虑技术发展、伦理规范和安全保障等方面的问题，确保人机结合的优势能够最大化地发挥出来，为国家安全和战略防御做出更大的贡献。

这样的例子表明，人类与机器的合作在军事领域发挥着重要作用。这种结合不仅提高了军事作战的效率和精确度，同时也减少了士兵在战斗中的风险。这种智能化系统在不同的环境下能够适应并执行任务，为军事行动提供重要的支持和战略优势。

“人机环”是军事领域的一个重要概念，它指的是人类（人）、机器（机）和环境（环）之间的相互作用和协调。在军事行动中，人机环的优化可以提高作战效率、减少人员伤亡和提高任务的成功率。

人机环境系统智能不仅包含同化顺应图式平衡的过程，还涉及同化顺应图式平衡的逆过程，即逆向调整和改变系统的行为和结构。在同化顺应图式平衡的过程中，系统通过获取信息、学习和适应等方式不断调整自身的行为和结构，以适应外部环境的要求。这种过程主要是由系统内部主动进行的，以实现系统与环境之间的协调和平衡。而同化顺应图式平衡的逆过程则涉及系统对环境的影响和改变。当系统发现当前的行为和结构无法有效适应或解决环境的问题时，它需要主动进行调整和改变。这可能包括重新评估目标、修改策略、调整资源分配等，从而使系统能够更好地适应和影响环境。同化顺应图式平衡的逆过程可以带来创新和改进。通过对环境的主动改变，系统可以发现新的方法和策略，以更好地满足环境的需求和挑战。这种逆过程对于人机环境系统智能的发展至关重要，它使得系统能够不断进化和提高自身的适应性和效率。所以，人机环境系统智能不仅包含同化顺应图式平衡的过程，还涉及同化顺应图式平衡的逆过程，从而实现了对环境的主动调整和改变。这种逆向的调整和改变是系统智能发展的重要方面。

人机之间的转换不仅涉及功能，还与能力有关。在功能方面，计算机可以完成许多人类无法做到或效率低下的任务，如大规模数据处理、复杂计算、精确控制等。计算机具备高速运算、存储大量信息和执行精确指令的能力，能够提供高效的数据处理和自动化功能，大大提升工作效率和生活便利性。然而，人类在某些方面仍然具有独特优势和能力。例如，人类具备丰富的感知能力，能够通过触觉、视觉、听觉等感官感知世界，并具有情感、直觉等高级认知。人类还擅长创造、想象、推理和适应新环境，具备灵活性和创造性思维。这些能力使得人类在艺术、创新、决策等领域表现出独特的优势。因此，人机之间的转换需要考虑到人类和计算机的不同能力和特点，以实现最佳的协同效果。在某些任务中，计算机可以代替人类完成重复、烦琐、高风险的任务，释放人力资源，提高效率和准确性。而在某些领域，人类的主观判断、创造和人际交往等方面的能力仍然是不可或缺的，计算机应该与人类协同工作，共同发挥各自的优势。人机之间的转换既涉及功能的补充和替代，也需要充分考虑到人类和计算机的不同能力，以实现更好的协同效果和工作成果。

在军事领域，创新是一场没有硝烟的战争，每一项技术的突破都可能是决定胜负的关键。人工智能这个新时代的科技利器，正在悄然改变着这个古老而神秘的领域。它像一股强大的风暴，席卷而来，将人、机器和环境这三个元素紧密地结合在一起，形成了一种全新的力量。这是一个“1＋1＋1”的组合，其中每个“1”都代表着一个重要的元素。人，是一位深谙战略的指挥员。他的智慧、经验和直觉是任何机器都无法完全取代的。机器，这个冷酷的钢铁巨兽，拥有超乎想象的计算能力和执行力。它能够迅速处理大量数据，执行复杂的任务，甚至能够在极端环境中保持稳定。而环境，这个战场上的无形之手，决定了战斗的走向，影响着每一个决策和每一个行动。

当这三个元素结合在一起时，它们就形成了一个强大的人机环。这个环就像一把锋利的剑，能够切割开一切阻碍，将胜利握在手中。它能够让人类指挥员的决策更加精准，让机器的执行更加迅速，让环境的变化更加可控。这种人机环的结合不仅是数量上的叠加，更是质量和效率上的飞跃。从军事智能的角度来看，这个人机环“1＋1＋1”的组合能够创造出比三者各自独立更大的价值。

在现代战场上，人机环境系统融合的战争是一场智慧与力量的较量，它不仅是一场智能化战争，更是一场智慧化战争。这种战争不仅要打破形式化的数学计算，还要打破传统思维的逻辑算计，形成一种人机环境各方优势互补的新型计算—算计博弈系统。

人机结合的军事智能系统就像一支由钢铁和智慧组成的超

强战队。这支队伍在提升军事作战效能、降低风险等方面具有巨大的潜力，它能够在战场上发挥出前所未有的战斗力。但要实现“1＋1＋1＞3”的效果，还需要综合考虑技术发展、伦理规范和安全保障等方面的问题。只有这样，才能让人机环境结合的优势最大化地发挥出来，为国家安全和战略防御做出更为积极的贡献。

## 三、深度态势感知与人机环境系统

在第二次世界大战中，德国对苏联的侵略战争是一个典型的例子，它展示了错误决策的影响和深度态势感知的重要性。这次入侵完全是由希特勒和最高统帅部的几个人决定的，他们对待关于苏联的情报有着极其片面的态度。英国人写的《苏德战争》描述道，很多真实的情报对元首来说毫无价值，因为他只接受他愿意相信的情报，他凭空制订战略战术计划。他根本不懂逻辑推理与制订计划的基本常识，也不懂得进行力量对比，对时间、空间和后勤学更是一窍不通。这种对情报的轻视和对决策的盲目自信，最终导致了德国的失败。古德里安在他的回忆录中提到，1937 年，苏德战争还未爆发的时候，他保守估计苏联坦克数量有一万辆，实际上情报部门推测应该有一万七千辆。然而，希特勒不相信这些情报，认为它们对统帅部的决心只会起干扰作用。这表明了当时德方对苏联方面情报的态度。

后来苏德战争陷入泥潭，形势越来越不妙，希特勒曾对古德里安说过：“假使我早相信你那本书里所列举的苏联坦克数量，也许我就不会发动这场战争了。”

这个案例充分展示了深度态势感知的重要性。深度态势感知是一种全面、深入、准确地了解和分析战场情况的能力。它需要收集和分析大量的情报信息，包括敌我双方的力量对比、地形、天气、后勤保障等。通过深度态势感知，指挥员可以更好地理解战场情况，制订出更合理的战略和战术计划。然而，希特勒的鲁莽决策和片面情报处理，导致了德国在苏德战争中的失败。这告诉我们，在战争中，正确的决策和深度态势感知是至关重要的。只有通过全面、准确的情报分析，才能制订出合理的战略和战术计划，从而取得战争的胜利。

深度态势感知是军事领域的一个核心概念，它指的是对当前战场或作战环境状态的深入理解，包括敌我双方的位置、行动、意图、能力和限制等信息。深度态势感知是现代战争不可或缺的一部分，它对于指挥员制定战略和战术决策、士兵执行任务以及军事行动的成功至关重要。

深度态势感知是一种人机融合的智慧，既有人的直觉和经验，也有机器的计算和分析。它不仅关注事物的表面属性，更关注它们之间的相互关系。它能够理解战场上各个因素之间的联系，如同理解每一个音符所组成的旋律，从而可以预测战场的未来走向。

深度态势感知具有软硬两种调节反馈机制，既有自组织、自适应的能力，也有他组织、互适应的能力。它既能够进行局部的定量计算预测，也能够进行全局的定性算计评估，从而实现信息的修正和补偿，为决策者提供准确、全面的战场态势感知。

通过实验模拟和现场调查分析，笔者认为深度态势感知系统中存在着“跳蛙”（自动反应）现象，即从信息输入阶段直接进入输出控制阶段（跳过了信息处理整合阶段），这主要是任务主题的明确、组织或个体注意力的集中和长期针对性训练的条件习惯反射引起的，如同某个人边嚼口香糖边聊天边打伞边走路一样，该系统可以无意识地协调各种自然活动的秩序。该系统进行的是近乎完美的自动控制，而不是有意识的规则条件反应。与普通态势感知系统相比，深度态势感知系统的信息采样会更离散一些，尤其是在感知各种刺激后的信息过滤中（信息“过滤器”的基本功能是让指定的信号能比较顺利地通过，而对其他信号起到衰减作用，这样可以突出有用的信号，抑制或衰减干扰、噪声信号，达到提高信噪比或选择信号的目的），表现出了较强的“去伪存真、去粗取精”的能力。对于每个刺激客体而言，它既包括有用的信息特征，又包括冗余的其他特征，而深度态势感知系统具备准确把握刺激客体的关键信息特征的能力（可以理解为“由小见大、窥斑知豹”的能力），所以能够形成阶跃式人工智能的快速搜索比对提炼和运筹学的优化修剪规划预测的认知能力，自动迅速地执行主题任务。对于普通态势感知系统来说，由于没有形成深度态势感知系统所具备的认知反应能力，所以它觉察到的刺激客体不但包括有用的信息特征，而且包括冗余的其他特征，所以信息采样量大、信息融合慢、预测规划迟缓、执行力弱。

在有时间压力、任务压力的情境下，“经验丰富”的深度态势感知系统常常基于离散的经验性思维图式或脚本认知决策活动（而不是基于评估），这些图式或脚本认知决策活动是形成自动性模式（即不需要每一步都进行分析）的基础。事实上，它们是基于以前的经验积累做出反应和开展行动，而不是通过常规统计概率的方法进行决策选择。基本认知决策中的情境评估是基于图式和脚本的。图式是一类概念或事件的描述，是形成长期记忆组织的基础。在“自上而下”信息控制处理过程中，被感知事件的信息可按照最匹配的存在思维图式进行映射，而在“自下而上”信息自动处理过程中，是根据被感知事件激起的思维图式调整不一致的匹配，或通过积极的搜索匹配最新变化的思维图式结构。

另外，深度态势感知系统有时也要被迫对一些变化了的任务情境做有意识的分析决策（自动性模式已不能保证准确操作的精度要求）。但深度态势感知系统很少把注意力转移到非主题或背景因素上，这将会让它“分心”。这种现象也许与复杂的训练规则有关，因为在规则中普通态势感知系统被要求依程序执行，而规则程序设定了触发其情境认知的阈值（即遇到规定的信息被激活）。而实际上，动态的情境常常会使阈值发生变化；对此，深度态势感知系统通过大量的实践和训练经验，形成了一种内隐的动态触发情境认知阈值，即遇到对自己有用的关键信息特征就被激活，而不是遇到规定的信息被激活。

一个“自上而下”处理过程提取信息依赖（至少受其影响）对事物特性的以前认识；一个“自下而上”处理过程提取信息只与当前的刺激有关。所以，任何涉及对一个事物识别的过程都是“自上而下”处理过程，即对于该事物已知信息的组织过程。“自上而下”处理过程已被证实对深度知觉及视错觉有影响。“自上而下”过程与“自下而上”过程可以并行处理。

在大多数正常情境下，态势感知系统按“自上而下”处理过程达到目标；而在不正常或紧急情境下，态势感知系统则可能按“自下而上”处理过程达到新的目标。无论如何，深度态势感知系统应在情境中保持主动性（前摄的，如使用前馈控制策略保持在情境变化的前面），而不是保持反应性（如使用反馈控制策略跟上情境的变化），这一点是很重要的。这种主动性的（前摄的）策略可以通过对不正常或紧急情境下的反应训练获得。

在真实的复杂背景下，对深度态势感知系统及技术进行整体、全面的研究，根据人机环境系统过程中的信息传递机理，建造精确、可靠的数学模型已成为研究者所追求的目标。人类认知的经验表明：人具有从复杂环境中搜索特定目标，并对目标信息有选择地处理的能力。这种搜索与选择的过程被称为注意力集中（focus attention）。在多批量、多目标、多任务情况下，快速有效地获取所需要的信息是人面临的一大难题。如何将人的认知系统所具有的环境聚焦（environment focus）和自聚焦（self focus）机制应用于多模块深度态势感知技术的学习，根据处理任务确定注意机制的输入，使整个深度态势感知系统在注意机制的控制之下有效地完成信息处理任务并形成高效、准确的信息输出，有可能为上述问题的解决提供新的途径。如何建立适当规模的多模块深度态势感知系统是首先要解决的问题。另外，如何控制系统各功能模块间的整合与协调也是需要解决的一个重要问题。

通过研究，笔者认为：首先，深度态势感知过程不是被动的对环境的响应，而是一种主动行为，深度态势感知系统在环境信息的刺激下，通过采集、过滤，改变态势分析策略，从动态的信息流中抽取不变性，在人机环境交互作用下产生近乎知觉的操作或控制；其次，深度态势感知技术中的计算是动态的、非线性的（同认知技术计算相似），通常不需要一次将所有的问题都计算清楚，而是对所需要的信息加以计算；最后，深度态势感知技术中的计算应该是自适应的，指挥控制系统的特性应该随着与外界的交互而变化。因此，深度态势感知技术中的计算应该是外界环境、装备和人的认知感知器共同作用的结果，三者缺一不可。

研究基于人类行为特征的深度态势感知系统和技术，即研究在不确定性动态环境中组织的感知及反应能力，对于社会系统中重大事变（战争、自然灾害、金融危机等）的应急指挥和组织系统、复杂工业系统中的故障快速处理、系统重构与修复、复杂环境中仿人机器人的设计与管理等问题的解决都有着重要的参考价值。

# 第十章
# 伦理困境——现代战争中人工智能的终极议题

当现代战争的号角吹响，人工智能将不可避免地成为战场上的主角。然而，在人工智能带来巨大变革的同时，伦理困境、反人工智能的挑战以及认知战的新领域也随之而来。在本章中，我们将一起探讨这些令人着迷又充满争议的话题。让我们一起踏上这场思考之旅，探讨现代战争中人工智能的终极议题。

## 一、伦理：算法决策能否代替人类?

随着人工智能技术的不断发展和进步，军事领域也在积极探索和应用智能算法来辅助甚至代替人类做出决策。这种趋势在许多方面都带来了巨大的变革和进步，但同时也引发了一个重要的伦理问题：算法决策能否真正代替人类的判断和决策，尤其是在军事环境中?

军事环境下的决策往往涉及生死攸关的问题，需要综合考虑各种复杂的因素，包括战略目标、敌军动态、地形地貌、天气条件等等。人类的判断和决策往往能够更好地处理这些复杂性和不确定性，因为人类具有直觉、经验和道德判断等算法所不具备的能力。军事决策还涉及伦理和道德问题。在战争中，保护无辜平民的生命安全、遵守战争法规和惯例、维护人道主义原则等都是非常重要的因素。这些伦理和道德问题往往需要人类进行权衡和判断，而算法可能无法完全理解和处理这些复杂的问题。当然，人工智能算法在处理大量数据、分析情报、识别模式和预测趋势等方面具有独特的优势。它们可以快速地处理和分析大量的信息，提供准确的预测和建议，从而辅助人类做出更好的决策。但是，将决策权完全交给算法，特别是在军事环境中，仍然存在很大的风险和挑战。

美国军方的自主武器系统，如自主无人机（UAV）或自主地面车辆，都是军事智能领域的前沿应用。例如，自主地面车辆可以穿越复杂的地形，执行侦察、扫雷、运输物资等多种任务。这些车辆同样装备有先进的传感器和摄像头，能够自主导航和避障，甚至能够在战场上进行自主作战。这些自主武器系统的出现，无疑提高了军事作战的效率和安全性。它们可以在危险的环境中执行任务，减少人员伤亡；可以快速响应，提高作战速度；还可以进行长时间的巡逻和监视，保持对战场态势的持续感知。

然而，自主武器系统的使用也引发了一系列的伦理和法律问题。在没有人类直接操控的情况下，如何确保这些系统的决策符合道德和伦理标准？如何避免自主武器系统因被滥用而造成不必要的伤害？

自主武器系统可能会导致无法预料的损害和伤亡，可能会在无法负责的情况下进行杀戮，可能会错误地识别目标，甚至可能会做出违反国际人道法的行为。这种技术系统的应用需要确保在决策过程中有足够的人类监督和干预，以保证决策的透明度和符合道德标准。因此，我们需要对自主武器系统的伦理道德进行深入的思考和讨论，就像是为狼套上枷锁，制定规则和限制，以确保它们的行为符合人类的价值观和基本原则。

立法就是建立一道道坚固的屏障，确保自主武器系统的开发和使用符合国际法和国内法的要求，确保自主武器系统的使用不会侵犯人权、人道法和国际人道法。同时，我们还需要建立审核和审查机制，以确保自主武器系统的合规性。此外，我们还需要建立适当的责任和问责制度，以防止滥用和未经授权的使用。

人工智能的发展应当与伦理原则和法律法规相结合，以确保其应用符合道德和人道主义原则，最终为国家安全和人类利益服务。这也将是军事智能持续发展的重要方向和挑战所在。

## 二、反人工智能

人工智能具有技术、社会、法律、伦理和军事等属性相互融合的特征。一方面，人工智能促进了巨大的技术和社会变革，并深刻影响了军事武器。它已经成为国家战略和新的核心竞争力。另一方面，人工智能可能带来诸多风险和挑战，它可能失控并造成危害的问题同样不容忽视。

目前，世界上任何军事大国都将反人工智能视为未来最重要的军事技术，从而增加对反人工智能武器的投入。美国国防部开始制订总体计划，以建立将反人工智能部署到军队的系统。反人工智能在军事领域的使用正在蓬勃发展，这不仅将给传统战争形式带来重大的变革，还将对军事领导和控制理论产生重大影响。我们不仅应加快反人工智能在军事领域应用的研究，在研究反人工智能武器和装备期间，还应确保更新和完善反人工智能战争条件下的指挥与控制理论。

美军暂时没有明确地提出反人工智能技术的概念，但是其建立的多项计划都是在向反人工智能的方向发展，即希望不断优化其人工智能和自主化模型，防御乃至反制对方的人工智能技术。美军目前已确立了从“灰色地带”分析对方的真实意图、从态势洞察分析对方的真实目的等发展方向，未来会在可解释性、防战略欺骗等方面加大投资。所以我们需要未雨绸缪，努力推动反人工智能在军事领域的应用。

2017 年，DARPA 发起了机器终身学习项目（M2S），探索类比学习方法在人工智能中的应用，谋求下一代人工智能新的突破口，使它们能够进行现场学习并提高性能。在无须事先进行充分的程序设计与测试训练的情况下，机器系统就能独立地学习并适应真实交互世界中的新情况。2017 年 8 月，DARPA 提出了马赛克战的概念。其先进之处在于，不局限于任何具体机构、军兵种或企业的系统设计和互操作性标准，而是专注于开发可靠且连通各个节点的程序和工具，寻求促成不同系统的快速、智能、战略性组合和分解，实现无限多样作战效能。

2018 年，DARPA 发布了一个名为“指南针”的项目，通过量化战斗人员对各种攻击的分析判断来帮助他们了解对方的真实目的。该项目从两个方面解决问题：一方面，它被用来确定对手的行动和目标，然后帮助确定计划是否正常运行，例如位置、时间和行动。但是在充分理解这些内容之前，它需要将获取的数据通过人工智能转化为信息，理解信息和知识的不同含义，这是博弈论的开始。另一方面，在人工智能技术中融入博弈论，根据对手的真实意图确定最有效的行动方案。

2018 年初，KAIROS 人工智能项目正式发起。美国军方期望使用 KAIROS 项目来提高位置意识，以及预警、情报流程处理和战争情报能力。具体而言，在正常的协调模式下，每个国家都有计划地实施隐藏的战略步骤。在战争期间，不同国家的军事部队采取了不同的策略。KAIROS 项目希望构建能够获得“情报背后的情报”的系统，具有更强的监视和预警、情报流程处理及智能决策功能。

在以上计划的基础上，“不同来源的主动诠释”（AIDA）项目将探索关键的多源模糊信息数据源的控制，开发“动态引擎”并为实际数据生成数据。综合从各种来源获得的数据或情报，对事件、情况和趋势进行清晰的解释，并加入对复杂性的量化，这意味着破解战争迷雾中潜在的冲突和欺骗。针对数据欺诈和敌对攻击，模拟数据和公开战争数据会创建一个测试站点，以评估机器学习的风险；同时将专注于升级抗干扰的用户机器学习算法并将其融入原型系统。为了防止敌方干扰我方人工智能，可以通过可解释性人工智能查看人工智能的执行过程，确保执行的正确性，达到反人工智能的效果。

人工智能是研究、开发用于模拟、延伸和扩展人的智能的理论、方法、技术以及应用系统的一门新的技术科学。反人工智能则是在人机协同的条件下，从数据、算法、硬件等角度反制对方人工智能算法、装备的理论、方法和技术。反制包括：使对方人工智能失效、误导对方人工智能、获取对方人工智能真实意图，甚至进行反击等。人工智能和反人工智能的本质是相互博弈。随着一些反人工智能军事武器被应用于实际战斗，现代战争的模式和战斗方法从根本上发生了变化。

反人工智能的本质是诈与反诈。孙子兵法有云：“兵不厌诈”“以虞待不虞者胜”。不要企图通过反人工智能发现所有的欺诈行动，而要学会辨别真与假，在欺诈的迷雾中前进。

反人工智能尚处于初级阶段。最初，大多数反人工智能技术是误导或混淆机器学习模型或训练数据，这是一种简单粗暴的方法。但是，由于机器学习模型通常是在封闭环境中进行训练的，因此很难被外部干扰。随着神经网络的发展，对抗神经网络开启了反人工智能技术的第二条技术路线。研究人员可以将基于对抗数据的神经网络用于生成反馈数据，使机器学习模型在识别和行动期间做出错误的判断。该方法与机器学习技术相似，可以达到初级反人工智能的效果。

博弈一直是反人工智能领域的重要研究课题。根据能否完全了解博弈信息，可以将信息集细分为完整信息集和不完整信息集。完整信息集意味着博弈中的所有参与者都可以完全获得博弈的所有信息。例如在围棋和象棋游戏中，双方都可以完全了解所有的碎片信息和对手的行动计划。不完整信息集是指参与者无法获得完整信息，并且只有部分信息可见。例如，在麻将或扑克游戏中，玩家无法控制另一位玩家的分布或手牌，只能根据当前情况做出最优决策。

当下，军事领域的反人工智能实践发展迅速，但也存在许多危机。目前，反人工智能只能做一些基础工作，大多数情况下它并不理解这样做的原因，只是因为数据处理的结果告诉它这样做会有最优解。如果反人工智能系统不完全了解其功能或周围环境，就可能会产生危险的结果。特别是在军事战争中，任何事情都可能发生，并不是仅靠数据就能完全解决或预测的，此时反人工智能就有可能执行错误的行动，造成难以估计的后果。反人工智能在军事领域的训练数据稍有偏差就有可能埋下安全隐患。如果攻击者使用恶意数据复制训练模式，则将导致军事上实施反人工智能的重大错误。

从军事防御的角度看，有必要研究反人工智能技术。人工智能在各个国家的独立部署和不受管控已为其发展注入了不稳定因素。以机器的速度而不是人的速度做出的决策也加剧了机器决策的危机。在持续不断的冲突中，各方使用智能性自主武器，争取在开始时就获得军事优势，这些军事优势为各方在战斗中提供了强大的战斗力。人工智能及其权限的界定十分困难，即使战略系统稳定，它也可能为了避免受到威胁而发动攻击，增加了和平相处中发生意外攻击的概率。智能自主武器使战争筹备中的危险系数提高，它可能脱离管控，有意或无意地发起攻击。在军事领域使用人工智能增强了军事的不确定性，使各国感到自身安全受到了威胁。

在战争中，常常存在事实真相和价值目标之间的差异，这种差异衍生出了许许多多的可能性，如时间、空间或作战单位的诸多变化与组合。例如，马赛克战就是要找到这些事实与价值的变化，从而进行各种力量的有效配置、安排。

对手发动侵略的可能性很小，这是因为没有危机或者没有意外的军事行动。国家的最高级别决策者往往认为总存在针对基本价值观的威胁，所以，他们一开始就采用一般的威慑去抵消这些潜在的威胁；当两国之间正在酝酿或发生战争时，他们就会采取更强有力的威慑手段作为升级的保障。在军事领域中使用反人工智能，可能会导致无法解释的冲突，不恰当的自主行动可能会导致意外的升级。智能系统的存在会带来技术事故和故障，特别是当行动者没有足够的安全保障能力时，事故和误报反而会影响决策。此外，原本只为防御的反人工智能升级，即便不是为了冲突和攻击的升级，一旦被其他国家视为升级，也可能会升级为大国之间的智能争霸。所以为了防止被人工智能武器意外攻击，有必要加速反人工智能在军事领域应用的研究。

深度态势感知的含义是对态势感知的感知，是一种人机智慧，既包括了人的智慧，也融合了机器的智能（人工智能），是能指＋所指；既涉及事物的属性（能指、感觉），也涉及它们之间的关系（所指、知觉）；既能够理解字面含义，也能够明白言外之意。它基于美国空军前首席科学家米卡·安德斯雷对主题情况的理解（包括用于输入、处理和离开信息的链接）。它是对系统趋势的全球分析，其中包括人、机器（对象）、环境（自然、社会）及其关系。它有两种反馈机制，分别是等待选择的自主反馈与自主系统预测性选择反馈——监控调整信息的效果，涉及国内和全球的定量预测和评估，包括自我组织、自我适应和相互适应。

数据驱动的人工智能大多都可归结为一个最优化问题，例如，有监督的分类判别学习就是通过一个最优化过程来使分类器在训练数据上尽可能取得最小的错误率。我们一般假设，训练数据可以适当地反映出总体分布，否则训练出来的分类器的泛化能力就很值得怀疑。然而在实践中，人们很少去检验这个假设是否成立，尤其是在高维样本的情况下，数据在空间中的分布相对稀疏，假设检验难以实现，“维度诅咒”则司空见惯。

不知道总体分布如何，不了解数据的产生机制，也不确定观测样本是否“有资格”代表总体，在此前提下，即便有大量的样本可用来训练学习机器，也难免会产生偏差。所以纯数据驱动的机器学习总是包含一定的风险，特别地，当我们对数据的产生机制有一些先验知识却受限于机器学习方法而无法表达时，我们对模型缺乏可解释性和存在潜在数据攻击的担忧就会进一步加剧。无论模型的好坏，我们都不知道其背后的原因，对模型的泛化能力、稳健性等也都无法评价。所以人类的思维应位于数据之上，尤其是因果关系（不仅是事实因果关系，更重要的是价值因果关系）的理解应该先于数据表达。

近期更深入研究的进展主要得益于计算能力的提高。例如，深度学习是对人工神经网络的延续和深化，其计算能力将基于数据的算法推向了更高的层次。人们认为通过数据可以解答所有难以理解的问题，并且可以通过智能数据挖掘技术加以证明。

数据很重要，但不能作为决策的唯一根据（即原因），不少数据还会起到干扰作用。这些具有知识或经验的“原因”模型对于帮助机器人从人工智能过渡到人工智能在军事领域的应用至关重要。大数据分析和基于数据的方法仅在民用预测上可用。在军事上应用反人工智能需要干预和不合逻辑的行动，从而使机器具有更符合预期的决策。“干预使人和机器从被动观察及诉诸因果推理的主动探索中解脱出来”，扩大了想象空间，从而克服了现实世界的迷雾。

反人工智能在因果推理的基础上，对战场进行深度态势感知。其不仅仅是信息的获取和处理，军事反人工智能还可以去伪存真，通过分析对方人工智能的处理结果，从对方想要掩盖的信息中获取其真实目的。在“灰色地带”，即人工智能无法处理的地方，反人工智能可以利用先验知识结合当时的态势感知形成最优的解决方案。

人机融合的飞速发展被定义为人机系统工程，它是研究人、机器和环境系统之间最佳匹配的系统，涉及集成、性能、管理和反馈。系统的总体设计目标是人机环境的优化和可视性，是安全、强健、和谐和整个系统的有效协调。

智能系统的关键在于“恰到好处”地被使用，人类智能的关键在于“恰到好处”地主动预知提前量，人机融合智能的关键在于“恰如其分”地组织“主动安排”和“被动使用”序列。算计里有算有计，可以穿越非家族相似性。计算就是用已获取的数据算出未知数据，算计就是有目的地估计。计算是以有条件开始的，算计是以无条件开始的。所有的计算都是用范围内的共识规则进行推理，算计则不然，它可以进行非范围内的非共识规则想象。计算的算是推理，算计的算是想象，计算的计是用已知，算计的计是谋未知，数据是人与计算机之间自然交互的重要点。英国学者蒂姆·乔丹指出："海量的信息反而导致无法有效使用这些信息。这在两种情况下发生：首先，有一些无法吸收的信息；其次，信息的组织性很差，因此找不到特定的信息。"

未来的反人工智能系统，至少是人机环境系统自主融合的智能系统。计算意味着信息流，包括输入、处理、输出和反馈。反人工智能的主要发展目标之一是人机融合智能。目前，强人工智能、类人人工智能和通用智能离我们很远，最终执行的是人和计算机的融合智能。人机融合智能将学习如何实现最佳的人机配合。就人机环境系统的设计和优化而言，识别计算机和机器设计的能力非常复杂。通常，它涉及两个基本问题，其中之一是人为意向和机器意向的融合。所谓意向，是指意识的方向。机器很难处理任何可以更改、反转或相反的内容，但是机器的优势在于它可以 24 小时不停歇，随意扩展存储空间，易于计算并且可以形式化和具有象征性。人和机何时以及如何进行干预并相互反应？在多种约束条件下，时间和准确性变得十分重要。因此，如何充分整合机器算力和人脑认知是人机融合智能中至关重要的核心问题。

军事反人工智能的另一个关键点在于，计算越精细准确，越有可能被敌人利用。敌人通过隐真示假进行欺骗，所以人机有机融合十分重要，因为它是一个复杂的领域，而不是单一学科。反人工智能的环节包括输入、处理、输出、反馈、综合等。在输入环节，我们需要拆分、合并和交换数据、信息与知识，使对方无法获取有用的信息，同时带给对方一定的误导。在处理环节，我们要阻断信息处理，使其内部处理非公理与公理分歧化，使其对信息的处理不知所措。在输出环节，我们要让对方在人机融合的过程中，将直觉决策与逻辑决策区别化，使其产生不信任感，迷惑对方的最终决策。在反馈环节，我们要使其反思、反馈悖论化，使其对反馈的信息感到迷惑乃至拒绝，从而无法进一步吸收之前的案例信息。在综合环节，我们要使对方的情景意识、态势感知矛盾化，在信息汇总、综合阶段使其对更高层次的信息无法理解乃至感到矛盾，达到不战而屈人之兵的效果。

为了解决将人机集成到军事态势感知中的问题，我们必须首先打破不同感官的惯性，打破传统的时间关系，包括地图、知觉、知识地图和状态图。对于人类而言，机器是自我发展的工具，也是自我认知的一部分。通过机器的优势了解自己的错误，通过机器的错误了解个人的能力，然后进行相互补偿或提高。由于缺乏二元论，人机融合尚不被大部分人认可。如今，越来越多的人机交互在不断优化，尽管这并不令人满意，但未来值得期待的是：人们在制造机器的同时也在发现自己。

目前，反人工智能和人机融合的开发仍处于起步阶段。集成反人工智能和人机交互的第一个也是最重要的问题在于，如何将机器的反人工智能功能与人机智能相集成。在应用阶段，人机融合中人机力量的分布很明显，因此不会产生有效的协同作用。人类继续在学习中扩展其认知能力，以便更好地理解复杂环境中不断变化的情况。由于具备联想能力，人类可以形成跨域集成的能力，而认知能力却与人工智能思考背道而驰。激活类人的思考能力的方法是，实现反人工智能与人机之间集成的突破。朱利奥·托诺尼的综合信息理论指出，智能系统必须快速获取信息，同时，能够进行认知处理的机器的发展需要人与机器之间的集体意识。因此，必须在人与机器之间建立快速有效的双向信息交互。双向信息交互的基础是抽象信息，对于计算机而言，就是要具有抽象定义物质的限制性环境的能力，定义越抽象，越能适应不同的情况。同时，高水平的无形能力也将转化为普遍的迁徙能力，从而超越人类的思想极限。

值得注意的是，我们还需要评估各国提供的反人工智能实施解决方案的系统级别，以评估在设计、开发、测试或使用过程中应考虑的所有影响。这包括培训数据、算法和系统管理，这些数据是在测试后引入的，以监视现场行为并将系统与其他人机交互过程集成来控制攻击。评估每个国家的新作战思路，除了了解系统级别之外，还应该了解基于反人工智能的决策过程，知道如何控制决策以及使用反人工智能和自主战斗概念是否会导致错误并随时自我升级。

在基于其他作战或战略战争场景的情况下，反人工智能战争模拟是更好地了解智能战争的有效工具。它能在某个地理区域进行模拟战争以检测战斗能力。场景越多，对手和盟友越多，推论就可能导致不同的结果。

人工智能的攻击者都在努力寻找机会获得最高收益。我们可以增加其攻击的成本，减少其攻击成功的收益，以降低攻击者的兴趣。随着组织的网络安全计划日渐成熟，他们的攻击价值将会降低。任务自动化和恶意海量攻击进一步降低了屏障安全系数，使得攻击者更容易进入并执行操作，因此，反人工智能可以在降低攻击量方面重点防御。在充满挑战的军事战争中，反人工智能技术需要削弱攻击者保持匿名和与受害者保持距离的能力，从而降低反侦察难度。反人工智能作为防御者，必须做到百分之百地阻止攻击，而攻击者只需成功一次即可。组织必须专注于培养正确的能力，并打造一支团队来利用流程和技术降低这种不对称性。

虽然反人工智能和自主化正在降低可变性和成本、扩大规模并控制错误，但攻击者还可以使用人工智能来打破平衡，从而占据优势地位。攻击者能够自动操作攻击过程中资源集约度最高的元素，同时避开针对他们部署的控制屏障。所以我们需要反人工智能做到迅速扫描漏洞，比攻击者更快地发现并弥补漏洞，防止攻击者以此为突破口集中力量进行攻击。

应对人工智能攻击的风险和威胁格局变化的一种简单对策是，实行高压的安全文化。防御团队可以采用基于风险的方法，确定治理流程和实质性门槛，让领导者知晓其网络安全态势，并提出合理举措进行不断改善。使用反人工智能等技术来改进运营和技术团队的安全性操作，可以获得更多的后勤支持。例如，通过反人工智能实现资源或时间集约型流程的自主化，大大减少完成常规安全流程所需的时间。对防御团队来说，安全流程效率的提高减少了后续安全规定中容易出现的摩擦。反人工智能技术的发展将带来更多机会，以改善战争安全，保持风险与收益间的平衡。

如果说军事机械化、自动化和信息化改变了战争的“态”和“感”，那么在军队中使用反人工智能就可能改变“势”和“知”，并改变未来关于战争和“边界意识”的“知识”。与传统的态势感知相比，它会更深入、更全面，形成一种深刻的态势意识。它是一种军事情报的形式，融合了人、机器、环境系统。它的主要特征是：人机协同更快、更不安全、更不自治、更透明、更具威胁性等，因此在边界上，它必须在更多条件和限制下变得越来越清晰，使双方协议更加及时有效。目前达成的共识是：在对抗中，无论是战术还是战略上，人们都必须参与其中并应对智能武器等问题，人和机必须同时处于系统之中。

反人工智能武器的应用，一方面能精准打击、减少人力成本、增强作战灵活性、预防恐怖袭击等；另一方面又面临着破坏国际人道主义、引发军备竞赛等挑战和威胁。从全球范围来看，该问题的解决需要各国携手共进、共商共治。中国作为新兴大国和联合国安全理事会五大常任理事国之一，应树立起负责任大国的良好形象，积极维护中国和平发展的外部环境与安全的世界秩序，积极参加联合国裁军研究中所有关于致命性人工智能武器军控的研究和探讨。

在反人工智能武器目前的负面影响尚不明确的情况下，要谨慎研发、使用致命性人工智能武器；同时要重视完善军事反人工智能算法标准。反人工智能技术的军事应用与社会应用存在区别。反人工智能在应用于民用领域时，其所需的训练数据非常丰富，应用的场景也相对固定，相关算法能够较好地发挥作用；但是在军事领域，特别是在实战过程中，由于战场环境的复杂性、对抗性以及作战战术的多变性，反人工智能系统所需的训练数据较难获得，相关算法的使用效果也会打折扣，这是反人工智能技术在军事应用过程中必须面对和解决的问题。与此同时，相关军用标准的制定必须跟上反人工智能技术的军事应用步伐，以确保反人工智能技术能够满足军事领域的功能性、互操作性和安全性需求，最大限度地优化反人工智能技术在军事领域的应用效果。

## 三、认知战

在当今世界，认知战正成为军事领域的一种新型战争形式。这种战争形式的核心在于，通过影响和控制敌方认知系统来达到战争目的。随着人工智能技术的迅速发展，军事智能在认知战中的作用日益凸显。

人工智能技术的进步使得军事智能在认知战中的应用更加广泛和深入。通过利用大数据分析和机器学习，军事智能可以更好地理解敌方的行为和意图，从而在战场上获得先机。同时，人工智能还可以用于制造虚假信息和场景，干扰敌方认知，降低其决策效能。这种认知干扰和欺骗的能力，使得军事智能在认知战中发挥着至关重要的作用。人工智能还可以用于加强军事智能系统的自主性和适应性。在认知战中，战场情况复杂多变，而人工智能技术可以帮助军事智能系统快速适应变化，并做出准确的决策。这种自主性和适应性使得军事智能在认知战中能够更好地应对各种挑战和威胁。

近年来，认知战在军事领域的应用日益广泛。2014 年，俄罗斯在克里米亚半岛对乌克兰发动了一场“秘密战争”。这场战争的一个显著特点就是认知战的应用。俄罗斯利用了多种手段，包括网络攻击、虚假信息传播、心理战等，以达到其战争目的。在战争爆发前，俄罗斯通过网络攻击手段破坏了乌克兰政府和军队的通信系统，导致乌克兰政府和军队在战争初期陷入混乱。这种网络攻击手段使得乌克兰方面难以获取准确的信息，从而降低了其决策效能。在战争过程中，俄罗斯充分利用虚假信息传播和心理战手段。他们通过网络、电视等媒体渠道，传播了大量关于乌克兰政府和军队的负面信息，试图削弱乌克兰民众对政府的信任和支持。同时，俄罗斯还散布了大量虚假信息，诱导乌克兰军队采取错误的行动，从而降低了其战斗力。在战争结束后，俄罗斯继续利用认知战手段，试图影响乌克兰国内的舆论和民众心态。他们通过网络水军、宣传机构等手段，传播有利于俄罗斯的信息，试图在乌克兰民众心中塑造俄罗斯的友好形象。

通过这个案例，我们可以看到认知战在现实中的具体应用。俄罗斯充分利用了网络攻击、虚假信息传播、心理战等手段，以达到其战争目的。这充分说明了认知战在现代战争中具有重要地位，军事智能在认知战中的作用日益凸显。因此，未来在军事领域，我们需要更加重视认知战的研究和应用，以提高我国在认知战中的应对能力。

认知战，简而言之，就是通过影响和控制敌方认知系统，以达到战争目的的一种战争形式。这种战争形式的核心在于破坏和干扰敌方的认知能力，从而降低其战斗力和决策效能。与传统的火力战、信息战相比，认知战的特点包括非物质性和间接性。认知战的非物质性体现在其主要针对敌方人员的认知和心理。它不直接破坏物质设施，而是通过影响敌方人员的思维、感知和信念，削弱其战斗意志和凝聚力。这种非物质性的特点使得认知战在战争中具有独特的作用和价值。由于认知战主要是在心理和认知层面进行，其行动难以被敌方发现和识别，具有较强的隐蔽性，因此也就增强了其攻击的突然性和攻击效果。认知战还具有间接性。它通过影响敌方认知，间接降低其战斗力，而非直接消灭敌方有生力量。这种间接性的特点使得认知战能够在不直接交战的情况下，达到削弱敌方战斗力的目的。认知战充分利用心理战手段，通过对敌方人员进行心理刺激和诱导，影响其情绪、态度和行为，从而达到战争目的。心理战的手段包括虚假信息传播、恐吓、诱导等，旨在破坏敌方士气和凝聚力，降低其战斗效能。

军事智能作为现代战争的重要支柱，已经在认知战中发挥了重要作用，主要体现在以下几个方面：第一，情报收集与分析是军事智能在认知战中的关键应用。利用人工智能技术，可以高效地收集和分析大规模的敌方情报数据，包括社交媒体、公开言论、军事动态等。通过对这些数据的深入挖掘和分析，可以揭示敌方的认知特点和弱点，为制定认知战策略提供科学依据。第二，认知干扰与欺骗是军事智能在认知战中的另一种重要应用。人工智能技术可以制造逼真的虚假信息，通过传播这些信息，可以有效地干扰敌方的认知过程，降低其决策效能。例如，通过深度伪造技术制作的视频或音频，可以用来传播虚假的指挥员命令或战略意图，从而迷惑敌方。第三，心理战手段的智能化是军事智能在认知战中的创新应用。人工智能技术可以分析敌方的心理特点，如恐惧、不确定性、信任等，然后有针对性地实施精准心理战。例如，通过算法推荐系统，可以有选择地向敌方人员推送特定的信息，以削弱其战斗意志和团结精神。第四，认知防护是军事智能在认知战中的必要措施。随着人工智能技术的发展，敌方的认知攻击手段也日益先进。因此，加强己方认知系统的防护变得尤为重要。这包括加强网络安全，防止敌方利用人工智能技术进行认知攻击，以及提高己方人员的认知抗干扰能力。

随着人工智能技术的不断进步，军事智能在认知战中的应用将更加广泛和深入，对现代战争的发展将产生深远影响。面对认知战的挑战，军事智能领域需要不断创新发展，以适应现代战争的需求。在认知战与人工智能技术的深度融合方面，我们可以预见军事智能系统将更加高效地整合认知战策略与人工智能技术，实现优势互补。人工智能的算法和数据处理能力将与认知战的心理操纵和影响力策略相结合，提高对敌方认知系统的理解和操控能力。认知战伦理和法律规制的重要性将日益凸显。随着认知战技术的发展，必须加强对认知战伦理和法律的研究，确保认知战行动符合国际法和道德规范。这包括对认知战行为的透明度、责任归属以及使用界限的明确规定，以防止技术滥用和不当行为。

军民融合也将成为军事智能领域发展的重要趋势。加强军事智能领域与民用技术的交流与合作，可以促进技术创新和资源共享。民用领域的前沿技术，如大数据分析、人工智能算法等，可以为军事智能提供新的思路和方法，推动认知战相关技术的快速发展。认知战人才的培养将是提高军事智能领域在认知战方面的作战能力的关键。培养具有认知战理论和实践能力的专业人才，不仅需要掌握先进的军事智能技术，还需要深入了解心理学、社会学等学科知识，以实现对敌方认知系统的全面理解和有效操控。

总之，认知战在军事智能领域具有重要的现实意义。面对现代战争的需求，我们应关注军事智能领域的发展，积极应对认知战的挑战，推动军事智能技术的创新与应用。同时，要加强伦理和法律规制，确保认知战行动的可持续发展。通过这些努力，我们才能在保护国家安全的同时，维护军事行动的合法性和道德底线。

# 后 记

笔者曾出版过三本书，第一本是2019年科学出版社出版的《追问人工智能：从剑桥到北京》，第二本是2021年清华大学出版社出版的《人机融合：超越人工智能》，第三本是2024年科学出版社出版的《人机环境系统智能：超越人机融合》。这三本书主要进行理论探索，目的是强调真实世界的人机环境系统智能与人工智能的数理结构的不同。真实世界的人机环境系统智能是一种情理结构：既有理性的计算，也有感性的算计；既有客观事实数据的信息量多少或反馈，也有主观价值经验的信息质之好坏或反馈。它是一种既有同一律、非矛盾律、排中律的还原逻辑，又有非同一律、矛盾律、非排中律的整体系统；是涉及数据、人工智能、人与系统、自主、群智、伦理道德、法律标准、测试评价及其使用等领域的继承与发展体系；是既有东方类比或隐喻（人），又有西方归纳或演绎（机器）的综合体验，还有环境边界约束的复杂平台。它不是人工智能，而是一种由人、机、环境所组成的系统相互作用而产生的新型智能形式，既不同于人的变体（易）智能，也不同于机器的本体（数）智能，是一个把物理、生理、心理、数理、管理、哲理、文理、机理、艺理、地理、伦理、宗理等相结合的崭新一代智能领域。

这三本已出版的书历时十年写成，通过探讨人工智能的不足、人机融合的必要性，形成了人机环境系统智能的理论。有了理论就要应用，这本《AI 战争》就是探讨人机环境系统智能理论与军事实践相结合的一本书。在《AI 战争》这本书的创作过程中，我们得到了许多来自不同方面的人士的帮助和支持，他们为这本书的完成做出了重要贡献。在此，向他们表达最诚挚的感谢！

感谢何雷将军、姜道洪将军、杨南征老师认真审阅本书初稿，并提出了中肯的建议及鼓励！感谢我的导师袁修干先生的指点！感谢胡少波、何瑞麟、王玉虎在本书编写过程中给予的大力协同，感谢秦宪刚、韩磊、张斌、蔡宁、李树荣、周怡琳、钱荣荣等诸位同人的研讨！

感谢本书编辑团队的老师们在我们创作过程中提供的专业指导和建议！

感谢 2023 年度教育部哲学社会科学研究重大课题攻关项目“数字化未来与数据伦理的哲学基础研究”（项目批准号：23JZD005）的资助。本书也算是初步兑现了对家人、师长、朋友和学生的一个承诺，希望人机环境系统智能能早日应用。感谢所有师长和亲朋好友对笔者一直以来的鞭策和支持。最后想说的是：“AI战争的核心是人的问题，解决不了人的问题，再厉害的 AI 也常常无济于事。”与大家共勉！

**刘 伟**

2025 年 3 月 2 日于北京

图书在版编目（CIP）数据

AI 战争/刘伟，谭文辉著. --北京：中国人民大学出版社，2025. 4. --ISBN 978-7-300-33756-2

Ⅰ. E919

中国国家版本馆 CIP 数据核字第 2025YP3312 号

**AI 战争**

刘　伟　谭文辉　著

AI Zhanzheng

| | | | |
|---|---|---|---|
| **出版发行** | 中国人民大学出版社 | | |
| **社　　址** | 北京中关村大街 31 号 | **邮政编码** | 100080 |
| **电　　话** | 010－62511242（总编室） | | 010－62511770（质管部） |
| | 010－82501766（邮购部） | | 010－62514148（门市部） |
| | 010－62511173（发行公司） | | 010－62515275（盗版举报） |
| **网　　址** | http://www.crup.com.cn | | |
| **经　　销** | 新华书店 | | |
| **印　　刷** | 北京昌联印刷有限公司 | | |
| **开　　本** | 890 mm×1240 mm　1/32 | **版　　次** | 2025 年 4 月第 1 版 |
| **印　　张** | 6.375 | **印　　次** | 2025 年 9 月第 3 次印刷 |
| **字　　数** | 117 000 | **定　　价** | 79.00 元 |